닥터K
역대급 발명왕

KAY'S INCREDIBLE INVENTIONS

Text copyright © Adam Kay, 2023 Illustration copyright © Henry Paker, 2023
First published as KAY'S INCREDIBLE INVENTIONS in 2023 by Puffin, an imprint of Penguin Random House Children's. Penguin Random House Children's is part of the Penguin Random House group of companies.

Korean translation copyright © 2025 by Will Books Publishing Co.,
Korean translation rights arranged with PENGUIN BOOKS LTD through EYA Co.,Ltd.

- 이 책의 한국어판 저작권은 EYA Co.,Ltd를 통한 PENGUIN BOOKS LTD와의 독점 계약으로 ㈜윌북이 소유합니다.
- 저작권법에 의하여 한국 내에서 보호를 받는 저작물이므로 무단 전재 및 복제를 금합니다.

닥터 K
역대급 발명왕

애덤 케이 쓰고
헨리 패커 그림
박아람 옮김

차례

2부
집 밖과 그 너머-자전거와 자동차와 잠수함

지상 여행 Travel: On the Ground	8
바다와 하늘 여행 Travel: Sea and Air	39
우주여행 Travel: Space	77

3부
기술-마우스와 마리오와 마이크로칩

통신 Communication	110
컴퓨터 Computer	144
인터넷 The Internet	171
로봇 Robots	201
맺으며	224
고마운 사람들	227
찾아보기	228

2부
집 밖과 그 너머
(Out and About)
자전거와 자동차와 잠수함

위성항법이 또 고장 났네.

지상 여행
(TRAVEL; ON THE GROUND)

먼 과거에는 어디를 가든 걸어 다닐 수밖에 없었어. 인간은 버스나 배, 엉덩콥터가 나오기 수십만 년 전에도 존재했으니까. **사실은? - 엉덩콥터는 과거에도 없었고 지금도 없습니다.** 걷는 건 너무 느리기도 했지만 위험하기도 했지. 호랑이를 만날 수도 있고 날카로운 송곳니를 지닌 호저나 가시 털이 달린 사자를 만날 수도 있잖아? **사실은? - 날카로운 송곳니를 지닌 호저나 가시 털이 달린 사자도 없었습니다.** 지금부터는 우리가 누구 덕분에 오늘날처럼 편리한 이동 수단을 사용하게 되었는지 알아볼 거야.

잡을 테면 잡아 봐

최초의 기찻길이 건설된 곳은 2000여 년 전 고대 그리스였어. 어쩐지…… 지난번에 기차 식당 칸에서 샌드위치를 하나 사 먹었는데 꼭 2000년 된 것 같은 맛이 나더라니. 하지만 2000년 전의 기찻길을 달린 건 사람을 태운 기차가 아니라 말이 끄는 짐마차였지.

만약 네가 고대 그리스 시대에 태어났는데 기차를 타고 싶었다면 승강장에서 2000년쯤 기다려야 했을 거야. 그것도 기차가 제시간에 올 때 얘기지. 모두가 기다리던 기차는 1801년 리처드 트레비식이 만들었어. 어디서 들어 본 이름 같다고? **사실은? - 독자들 가운데 그 이름을 기억하는 사람은 0.4퍼센트뿐입니다.** 템스강 아래에 터널을 만들다가 죽을 뻔한 사람이잖아. 그래도 기차는 꽤 잘 만들었나 봐. 리처드 트레비식은 제임스 와트 James Watt 라는 것이 증기기관을 발명했다는 소문을 들었어. ⚡ **문법은? - '제임스 와트'는 '사람'입니다.** ⚡ 앗, 그렇구나. 리처드 트레비식은 사람이라는 제임스 와트가 증기기관을 발명했다는 소문을 들었어. ⚡ **문법은? - *CF(8#MAS1&F)PBXc^{》. 오류.** ⚡ 엔진에 석탄을 넣어 불을 피워서 물을 데우면 그 물이 끓어서 증기로 변해. 증기는 피스톤이라는 것을 밀어 올리지. 피스톤은 금속관 안에서 위아래로 움직이는 부품이야. 증기로 피스톤을 밀어 올리면 이 피스톤이 올라갔다 내려갔다 하면서 연결된 바퀴를 회전시키는 거야. 휴, 끝났다! 칙칙폭폭!

리처드 트레비식은 이 증기기관을 작은 기차로 만들어서 승객을 태울 수 있게 했고, 여기에 '칙칙폭폭 악마'라는 뜻의 '퍼핑 데블Puffing Devil'이라는 이름을 붙였어. 이 기차는 이틀 동안 시속 3킬로미터의 놀랍도록 느린 속도로 콘월을 돌았지. 시속 3킬로미터는 우리 프루넬라 고모할머니가 걷는 속도와 비

> 찬물 끼얹기
> 총 7/10
> 멋진 이름이지만 앞에서 나온 '퍼핑 빌리'와 너무 비슷해서 1점 깎았어.

지상 여행

숫해. 어느 날 리처드는 식당 앞에 기차를 세워 놓고 식당에 들어가 맛있는 거위 고기 요리를 한 접시 먹었는데, 그사이에 글쎄…… 퍼핑 데블이 폭발해 산산조각이 났지 뭐야? 이런. 아무도 타고 있지 않은 게 천만다행이었지. 리처드는 포기하지 않았어. 폭발과 화재 위험이 적은 기차를 새로 만들고 '잡을 테면 잡아 봐 Catch Me Who Can'라는 이름을 붙였어. 그리고 지금 돈으로 1만 원을 내면 이 기차로 동그란 기찻길을 한 바퀴 돌아 주겠다고 했지. 안타깝게도 아무도 관심을 보이지 않았어. 이렇게 사랑스러운 증기 기차를 아무도 원치 않는다니, 화가 난 리처드는 두 번 다시 그것을 만들지 않겠다고 결심했어. 축구할 때도 그런 사람들이 있잖아. 자기는 한 골도 못 넣었는데 다른 사람들이 자꾸 골을 넣으면 공을 갖고 집으로 가 버리는 사람 말이야. 나는 절대 그러지 않거든. ⚡사실은? - 이번 주에만 벌써 다섯 번이나 그랬잖아요. ⚡ 그 뒤로 리처드 트레비

> 찬물 끼얹기
> 5/10
> 흥미로운 이름이지만 사기꾼이 주인공인 영화의 제목인 Catch me if you can과 비슷하거든.

하하! 드디어 오는군!
하하! 금방 온다!
하하! 끝 올 거야!
조금만 기다리라고!

너어어무 지루해.

식은 두 번 다시 기차에 손을 대지 않았어. 다행히 다른 사람들이 이 멋진 아이디어에 '탑승'했지. 내 유머 이해했니? ⚡ **사실은? - 아뇨.** ⚡

로켓맨

조지 스티븐슨 George Stephenson은 '철도의 아버지'로 알려져 있어. 아들인 로버트의 도움을 받아 '로켓 Rocket'이라는 혁신적인 증기기관차를 만들었거든. 조지 스티븐슨은 철도의 아버지인데, 아들이 철도가 아니라 로버트라니 이상하지 않니? 흠…… 아무튼, 1829년에는 영국의 맨체스터에서 만드는 면직물이 큰 인기를 끌었어. 면직물은 목화솜으로 만든 천을 말해. 티셔츠나 이불을 만드는 데 써. 세계 곳곳에서 면직 공장들이 문을 열었고 맨체스터에서 나오는 면으로 후드 티셔츠를 만들고 싶어 했지. ⚡ **사실은? - 후드 티셔츠가 처음 만들어진 것은 1934년입니다.** ⚡ 그래서 영국 정부는 면직물을 수출하기 위해 철도를 건설했어. 면직물을 생산하는 맨체스터부터 항구가 있는 리버풀의 해안까지였지. 한 가지 문제가 있다면 그 철도 위를 달릴 기차가 없다는 거였어. 영국 정부는 공학자들에게 기차를 만들어 오면 그 가운데 가장 튼튼하고 빠른 기차를 고르겠다고 제안했어. 〈꼬마 기관차 토머스와 친구들〉에 영화 〈헝거 게임〉을 섞은 이야기 같지 않니? 어쨌든 조지 스티븐슨과 그의 아들인 철도는 ⚡ **사실은? - 철도가 아니라 로버**

트입니다. ⚡ 로켓을 가져갔어. 이 기차는 시속 30킬로미터라는 (그 시대의 기준으로는) 아주 빠른 속도를 자랑했기 때문에 모든 심사위원에게 만점을 받았지.

　머지않아 영국 곳곳에 철도가 놓이기 시작했어. 철도 건설에 참여한 주요 인물 중 하나는 이점바드 킴덤 브루넬이라는 사람이야. 로열 앨버트교를 설계한 사람이랑 이름이 똑같다니, 신기한 우연이지?! ⚡ **사실은? - 우연이 아니라 같은 사람입니다.** ⚡ 이점바드 킴덤 브루넬의 가장 큰 업적 중 하나는 런던과 브리스틀 사이에 대서부 철도를 건설한 거야. 또 런던의 한 기차역을 설계하고 좋아하는 곰의 이름을 따서 패딩턴이라는 이름을 붙였어. ⚡ **사실은? - 동화 속에서 패딩턴 곰은 페루의 깊은 숲속에서 살았는데, 처음 영국에 왔을 때 도착한**

곳이 패딩턴역이어서 그런 이름을 갖게 되었습니다.

총알도 잡아 봐

이 단원에서는 앞에서 얘기한 발명가 가운데 많은 사람이 다시 등장할 거야. 리처드 트레비식과 이점바드 킹덤 브루넬에 이어 이번에 만나 볼 사람은…… 베르너 폰 지멘스야! 베르너는 최초의 전기 승강기를 만든 걸로는 만족할 수 없었나 봐. 최초의 전기 기차도 설계했거든. 전기로 이것저것 만드는 일을 무척 좋아한 모양이야. 어쨌든 우리가 지금 전국의 여러 곳을 빠르게 여행할 수 있게 된 건 베르너 덕분이야.

세계에서 가장 빠른 기차는 일본에 있는데, 창문이 없고 툭하면 폭발해서 총알 기차라는 별명이 붙었어. 사실은? - 총알처럼 빠르다고 해서 총알 기차라는 별명이 붙었습니다.

전기로 가는 이 기차는 1964년부터 운행했지. 그때부터 끊임없이 달렸다는 뜻은 아니야. 밤에는 운행을 멈췄거든.

일본에서 가장 빠른 총알 기차의 속도는 시속 600킬로미터야. 진짜 총알의 속도와 비슷할걸? **사실은? - 총알의 속도는 시속 약 3000킬로미터입니다.** 점보제트기와 비교하면 3분의 2쯤 되는 속도지. 그래도 리처드 트레비식이 만든 최초의 기차보다는 훨씬 더 빨라.

닥터 K 역대급 발명왕

자전거로 걸어요

인사해. 이분은 카를 프리드리히 크리스티안 루트비히 프라이헤어 드라이스 폰 자우어브론 남작이야. "안녕하세요, 카를 프리드리히 크리스티안 루트…… 저기 혹시 그냥 카를이라고 불러도 될까요?"

카를 프리드리히 크리스티안 루트비히 프라이헤어
드라이스 폰 자우어브론

카를은 유명한 독일 발명가야. 그 정도는 너도 짐작했겠지? 어쨌든 이 책은 발명에 관한 책이니까. 카를은 피아노로 연주하는 음악을 악보로 기록해 주는 기계와 고기를 다져 주는 최초의 고기 분쇄기, 찜기 등을 발명했어. 그러니까 혹시 피아노 음악을 악보로 기록하면서 다진 고기를 찔 일이 있다면 카를에게 고마워할 것! 거기다 1817년에 카를은 자전거까지 발명했어. 이것도 벌써 짐작했겠지? 위의 제목에 자전거가 들어 있으니까. 카를이 만든 자전거는 오늘날 우리가 타는 것과 꽤 비슷했지만…… 중요한 부품 두 가지가 없었어. 카를의 자전거에 들어간 부품들을 알려 줄게. 뭐가 빠졌는지 맞혀 볼래?

- 나무 프레임
- 철제 바퀴
- 안장
- 핸들

뭐가 빠졌는지 알겠니? 그래, 페달과 체인이 없잖아. 카를의 자전거를 타려면 안장에 앉아 두 발로 땅을 밀며 나아가야 했어. 만화에 나오는 프레드 플린스톤이 차에 타서 발로 땅을 밀며 갔던 것처럼 말이야. ⚡ **사실은?** - 이 책의 독자 가운데 만화 〈고인돌 가족〉을 아는 사람은 거의 없을걸요. ⚡

여기서 깜짝 퀴즈! 다음 중 카를이 만든 이 자전거의 이름을 세 개 고르면?

① 멋쟁이 말
② 기계 원숭이
③ 빠른 보행 보조기
④ 걷는 자전거
⑤ 빙글빙글 아서

①과 ③, ④를 골랐다면 엠파이어 스테이트 빌딩을 가지렴. (내 변호사 나이절의 당부! 엠파이어 스테이트 빌딩은 내 맘대로 줄 수 있는 게 아니라서 절대 가져선 안 된대.) ②나 ⑤를 골랐다면 엠파이어 스테이트 빌딩을 청소하고.

페니파딩(Penny-Farthing)

옛날 사진이나 영화에서 꼬불꼬불한 콧수염을 기른 이상한 신사가 커다란 앞바퀴와 아주 조그만 뒷바퀴가 달린 자전거를 타는 장면을 본 적이 있니? 우리 프루넬라 고모할머니는 아직도 그런 자전거를 타시거든. 150년쯤 전에 유행한 이 자전거의 이름은 '페니파딩'이야.

이런 이름이 붙은 건 페니 파딩이라는 사람이 발명했기 때문이지. ⚡ 사실은? - 페니Penny라는 영국의 동전과 페니의 4분의 1 금액에 해당하는 옛 동전 파딩Farthing을 합친 이름입니다. ⚡ 그렇구나. 그렇다면 크기가 작은 뒷바퀴는 금액이 작은 파딩이고, 크기가 큰 앞바퀴는 금액이 훨씬 큰 페니겠네.

페니파딩의 바퀴는 쇠가 아니라 고무로 만들어졌어. 하지만 오늘날의 자전거 바퀴처럼 공기가 가득 찬 고무가 아니라 딱딱한 고무였어. 카를의 자전거처럼 엉덩이가 마구 덜컥거리지는 않았겠지만 그 위에 앉아서 국물 요리를 먹을 수는 없었을 거야.

⚡ 사실은? - 공기를 넣는 고무 타이어는 1887년 존 던롭John Dunlop이라는 수의사가 발명했습니다. ⚡

옛날 사람들은 말을 타는 데 익숙했기 때문에 페니파딩처럼 안장이 높은 자전거를 타도 무서워하지 않았어. 한 가지 문제가 있다면, 그 위에서 떨어져 머리가 깨지는 사고가 자주 일어났다는 거야. 1885년 존 켐프 스탈리John Kemp Starley가 바퀴를 둘 다 작게 만드는 기발한 아이디어를 떠올렸어. 그리고 안장에 스프링을 넣으면 엉덩이에 멍이 드는 것도 막을 수 있다고 생각했지. 존의 자전거는 '안전 자전거'라고 불렸고 오늘날 우리가 타는 자전거와 꽤 비슷한 모습이야.

부릉부릉

최초의 자동차를 구상한 사람은 영화 <타이타닉>의 주인공으로 유명한 미국 배우 레오나르도 디카프리오야. ⚡ **사실은? - 레오나르도 다빈치**Leonardo da Vinci**입니다.** ⚡ 아, 그렇구나. 어쩐지 레오나르도 디카프리오가 500년 전에 자동차를 구상했다는 게 조금 이상했거든. 레오나르도 다빈치는 모든 면에서 뛰어나 반 친구들의 질투를 받는 사람이었어.(나도 예전에 반 친구들의 질투를 한몸에 받았지.) ⚡ **사실은? - 그런 아이는 찰리 데이비슨이었습니다.** ⚡ 레오나르도는 아주 똑똑한 예술가 겸 발명가였어. 오늘날 우리가 사용하는 물건을 수백 가지나 발명했지. 그중 하나는 '자체 추진 수레'라는 물건이었어. 장난감처럼 태엽을 감아서 움직이는 차였는데, 지붕이 없고 바퀴가 세 개 달린 커다란 롤러스케이트 밑판처

럼 생겼지.

　레오나르도는 엔진이라는 중요한 요소를 생각하지 못했어. 엔진은 한참 뒤인 1863년에 에티엔 르누아르Étienne Lenoir라는 벨기에 사람이 발명했지. 에티엔은 엔진을 넣은 히포모빌Hippomobile이라는 이동 수단을 만들었어. 영어로 '히포Hippo'가 하마를 뜻한다는 건 알지? 에티엔이 만든 차의 앞쪽에 하마의 이와 비슷한 커다란 철판이 달려 있어서 이런 이름이 붙었지. ⚡ **사실은? – 여기서 '히포'는 '말'을 뜻하는 고대 그리스어입니다. 금속으로 만든 말이라는 의미로 히포모빌이라고 불렀습니다.** ⚡ 히포모빌은 나무로 만든 손수레처럼 생겼는데, 달리기 시합을 했다면 아마 네가 이겼을 거야. 그래도 사람이 탈 수 있고 엔진과 핸들도 있었으니 제대로 된 최초의 자동차라고 할 수 있지.

닥터 K 역대급 발명왕

벤츠의 세계로

메르세데스 벤츠Mercedes-Benz라는 이름은 너도 들어 봤겠지? 고급 자동차 브랜드잖아. 나도 그 브랜드의 차를 몰아서 잘 알지. ⚡ **사실은? - 주인님은 20년 된 승합차에 메르세데스 벤츠 스티커를 붙여서 몰고 다니잖아요.** ⚡

어쨌든 벤츠를 설립한 사람은 독일의 카를과 베르타 벤츠 Carl and Bertha Benz 부부야. 1886년 카를은 사람들이 실제로 사서 몰고 다닐 수 있는 최초의 자동차인 벤츠 페이턴트 모터바겐 Benz patent-motorwagen을 만들었어. 카를이 새로 발명한 놀라운 기능들이 설치되었는데, 그 가운데 기어 전환 장치와 점화 장치, 냉각 장치 등은 오늘날에도 사용되고 있지. 하지만 카를의 차

에는 한 가지 사소한 문제가 있었어. 그 문제는…… 카를의 차를 사고 싶어 하는 사람이 아무도 없었다는 거야. 이유는 두 가지였어. 첫째, 이 자동차에 관해 아는 사람이 별로 없었어. 둘째, 자동차가 볼품없었지. 다행히 아내인 베르타가 두 가지 문제를 모두 해결할 방법을 생각해 냈어.

    1888년, 베르타 벤츠는 두 아들을 데리고 세계 최초의 자동차 여행을 떠났어. 독일을 가로질러 100킬로미터쯤 달렸는데, 그때까지 자동차로 그렇게 긴 거리를 달린 사람은 아무도 없었거든. 베르타의 계획은 성공이었어. 많은 사람이 이 멋진 여행에 흥미를 갖게 됐지. 베르타의 번쩍이는 자동차에 대한 소식이 여러 신문과 인스타그램을 통해 퍼져 나갔어. ➤ **사실은? - 인스타그램은 없었습니다.** ➤ 베르타는 이 자동차 여행에서 몇 가지 문제를 발견했어. 그중 하나는 이 자동차가 아주 완만한 오르막길도 올라가지 못한다는 점이었어. 베르타는 자동차에 기어를 하나 더 넣어 그 자리에서 문제를 해결했지. 아, 그리고 브레이크도 말을 듣지 않았는데, 이 역시 베르타에게는 어려운 문제가 아니었어. 베르타는 브레이크에 가죽 조각을 넣어 문제를 해결했지. 그와 동시에 우연히 오늘날에도 사용하는 브레이크 패드를 발명했지 뭐야? 베르타가 자동차 여행을 마치고 집에 돌아올 무렵에는 세상 사람 모두가 벤츠를 알게 되었어. 그뿐 아니라 많은 사람들이 벤츠 부부가 만든 자동차를 한 대씩 사고 싶어 했지. 그 뒤로 베르타와 카를 부부는 해마다 자동차를 수백 대씩 팔게 되었어.

포드의 포부

카를과 베르타 벤츠 부부가 만든 자동차의 또 다른 문제는 너무 비싸다는 거였어. 보통 가정의 1년 수입보다 더 비싸서 아주 부유한 사람들만 살 수 있었거든. 미국의 헨리 포드Henry Ford는 부자들뿐 아니라 누구나 차를 몰 수 있어야 한다고 생각했어. 그래서 직접 자동차 회사를 세우고 저렴한 차를 만들기 시작했지. 오늘날에도 있는 이 회사의 이름은 미쓰비시야. ➤ **사실은? - 포드** Ford**입니다.** ➤ 헨리 포드는 자신이 만든 자동차에 모델 TModel T 라는 이름을 붙였어. 그리고 영리한 방식을 사용해서 다른 자동차의 반값에 모델 T를 판매할 수 있게 만들었지. 그의 공장은 조립 라인을 사용했거든. 한 사람이 자동차 한 대를 처음부터 끝까지 만드는 게 아니라 여러 사람이 부품을 하나씩 맡아서 그 부품만 끼워 넣는 방식으로 일한 거야. 예를 들어 한 사람은 계속 문만 달았고 다음 사람은 핸들만 끼워 넣었고, 그다음 사람은 사용한 휴지나 오래된 초콜릿 포장지를 뭉쳐서 구석구석 끼워 넣었어. 모든 차에는 이런 게 하나씩 있잖아? ➤ 사실은? - 에헴. ➤ 한 사람이 한 가지 일에만 집중했기 때문에 작업 속도가 훨씬 더 빨랐어. 자동차가 무려 1분 마다 두 대씩 공장에서 나왔다니까? 그렇게 해서 1500만 대를 만들었고 1918년이 되자 미국에 돌아다니는 자동차의 절반이 포드사에서 만든 모델 T였어.

모델 T는 색깔이 다양하지 않았어. 헨리 포드는 이렇게 말했지. "고객은 얼마든지 원하는 색의 차를 살 수 있습니다. 단, 원하는 색이 검은색이기만 하다면요." 나는 내가 쓴 책들에 관해 이렇게 말해야 할 것 같아. "독자는 원하는 책은 무엇이든 읽을 수 있습니다. 단, 원하는 책이 놀라운 책이기만 하다면요." 아니, 사실 확인은 사양할게.

발명가로 성공했다고 해서 반드시 좋은 사람이라는 법은 없어. 헨리 포드는 극심한 인종차별주의자였고 특히 유대인을 미워했어. 제2차 세계대전을 일으킨 전범이자 역사상 가장 사악한 인간이라고 말할 수 있는 아돌프 히틀러Adolf Hitler는 포드를 찬양하고 그의 사진을 사무실 벽에 걸어놓기도 했다니까?

포드사의 모델 T는 엉덩이가 따뜻해지는 엉뜨 의자나 터치스크린 디스플레이 같은 고급 기능을 갖추지는 못했어. 브레이

크등이나 방향 표시등도 없었지. 이런 건 이 책에 나오는 사람들 가운데 이름이 가장 멋진 사람, 바로 플로렌스 로런스Florence Lawrence라는 영화배우가 발명했어.

지상 여행

이제 내 로봇 도우미에게 거짓말 탐지기를 켜 보라고 할게. 플로렌스 로런스에 관한 다음 사항 중에서 새빨간 얼룩말을 찾아보렴.

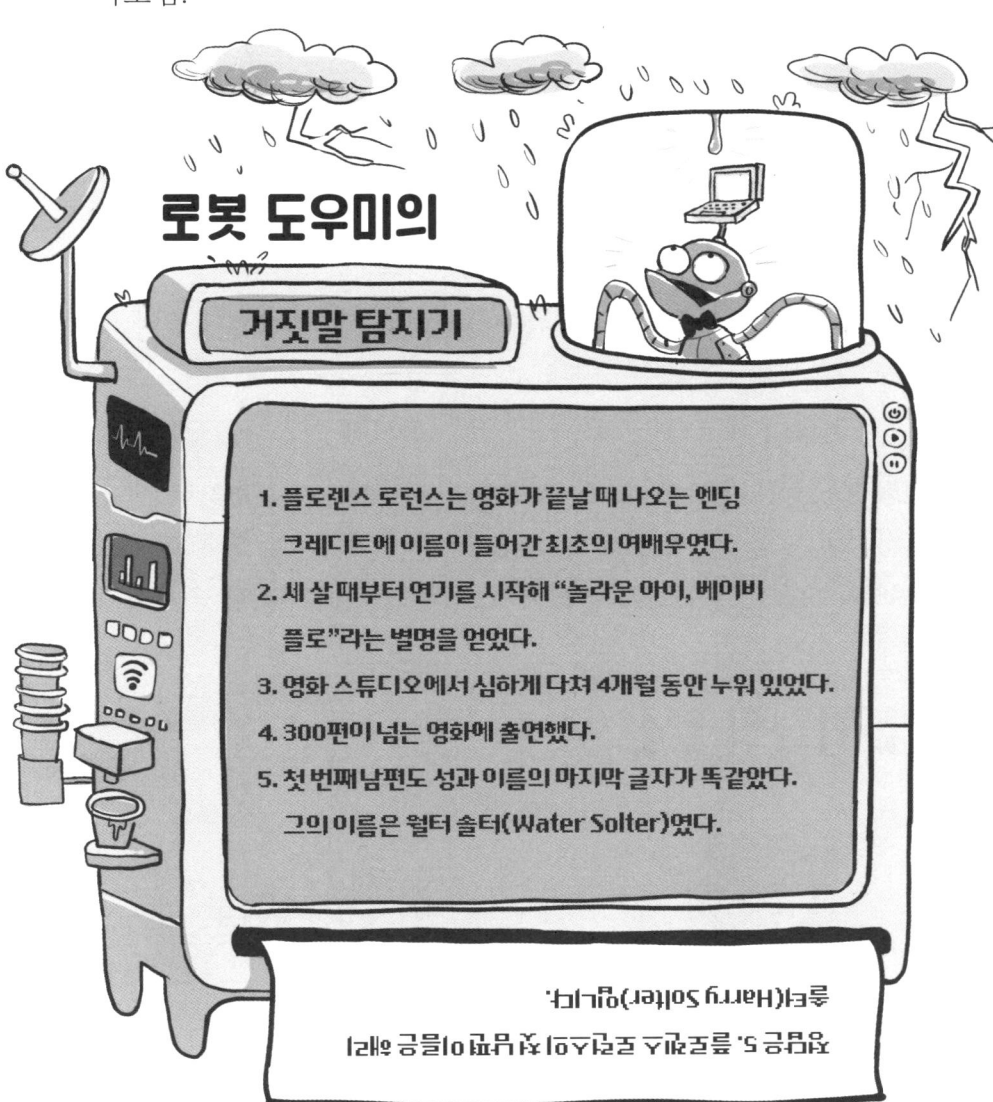

로봇 도우미의 거짓말 탐지기

1. 플로렌스 로런스는 영화가 끝날 때 나오는 엔딩 크레디트에 이름이 들어간 최초의 여배우였다.
2. 세 살 때부터 연기를 시작해 "놀라운 아이, 베이비 플로"라는 별명을 얻었다.
3. 영화 스튜디오에서 심하게 다쳐 4개월 동안 누워 있었다.
4. 300편이 넘는 영화에 출연했다.
5. 첫 번째 남편도 성과 이름의 마지막 글자가 똑같았다. 그의 이름은 월터 솔터(Water Solter)였다.

정답은 5. 플로렌스 로런스의 첫 남편 이름은 해리 솔터(Harry Solter)입니다.

전기로 가는 길

자동차는 세상을 크게 바꿔 놓았지만 안타깝게도 그러한 변화가 마냥 좋은 건 아니었어. 자동차가 내뿜는 배기가스는 대기를 오염시켜 우리의 건강뿐 아니라 기후에도 큰 골칫거리가 되었지. 그래서 요즘에는 전기차가 늘고 있어. 운전자가 방귀를 뀌지만 않으면 전기차는 대기를 오염시키지 않거든. 하지만 전기차가 완전히 새로운 아이디어는 아니야. 우리는 연기와 배기가스를 펑펑 내뿜고 피핀의 방귀보다 지독한 냄새를 풍기는 자동차 대신 처음부터 전기차를 사용할 수도 있었어.

　카를과 베르타 벤츠가 최초의 자동차를 만들고 있을 때 독일의 다른 지방에서는 안드레아스 플로켄Andreas Flocken이라는 사람이 일렉트로바겐Elektrowagen이라는 전기차를 만들고 있었거든. 그리고 성공하기도 했어! 그때부터 여러 회사에서 전기차

전기차의 발전

1888년 일렉트로바겐

1890년대 벌새 택시

를 만들기 시작했고 그중 하나는 P1이라는 포르셰 전기차였어. 1890년대에 런던에는 전기 택시도 많이 다녔지. 허공에 떠다녀서 벌새라는 별명을 얻기도 했어. ⚡ 사실은? - 윙윙거리는 소리를 냈기 때문에 벌새라는 별명을 얻었습니다. ⚡ 그러니까 우리는 대기 오염의 악몽에서 완전히 벗어날 수도 있었는데…… 그 뒤로 사람들이 전기차를 사지 않았어. 가장 큰 이유는 전기차의 가격이 휘발유차의 세 배에 달했기 때문이야. 전기차가 사라지고 100년이 지나서야 사람들은 환경을 걱정하며 과거로 돌아가기 시작했지. 부디 이번에는 전기차가 사라지지 않고 살아남아 세상을 구할 수 있다면 좋겠다.(자아그의 문어 인간들이 촉수로 우리를 휘감기 전까지 말이야.)

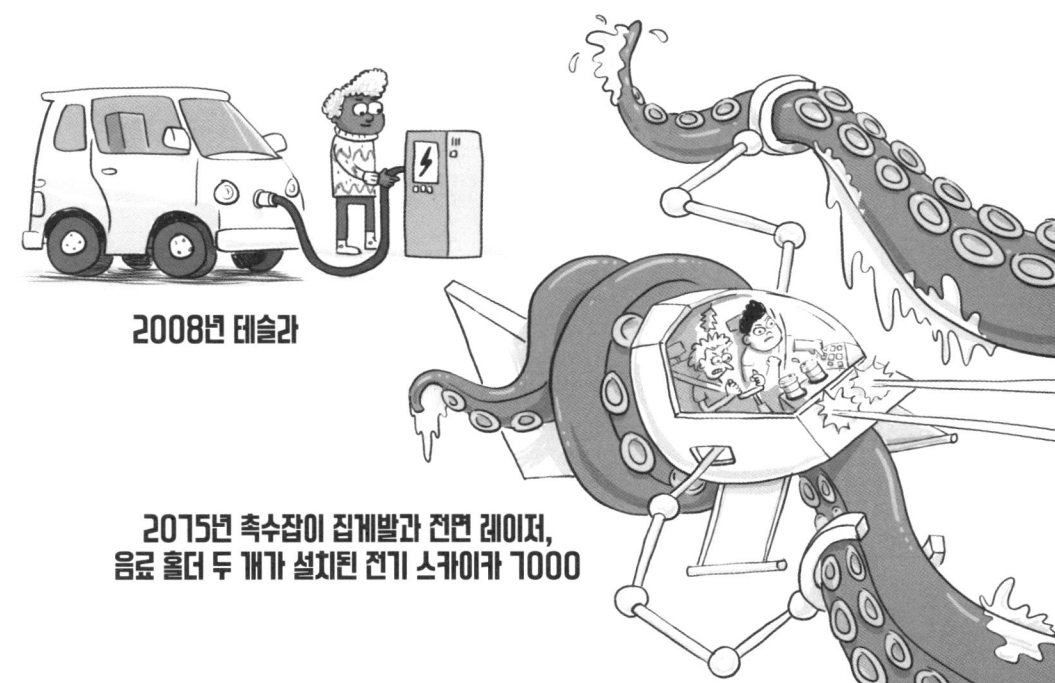

2008년 테슬라

2075년 촉수잡이 집게발과 전면 레이저, 음료 홀더 두 개가 설치된 전기 스카이카 7000

참일까 똥일까?

영국 왕은 전용 기차를 타고 여행할 수 있다.

참 영국 왕의 기차는 말하자면 바퀴 달린 궁전이야. 왕은 국내 여행을 할 때 그 기차를 이용하지. 왕을 안전하게 보호하기 위해 총알을 막는 방탄 기능이 있고 전용 침실과 식당, 거실, 커다란 욕조가 있는 욕실도 있어. 하지만 기차가 구불구불한 길을 달릴 때는 욕조의 물이 튀어 넘치지 않을까?

과거 영국에서는 자동차를 몰 때 그 앞에서 사람이 붉은 깃발을 흔들며 걷게 하는 것이 법적인 의무였다.

참 자동차가 처음 도로를 달리기 시작했을 때, 영국 정부는 길을 걷는 사람들에게 자동차가 다가온다는 것을 미리 경고해야 한다고 생각했거든. 깃발을 흔들며 걷는 사람을 앞에 세우지 않고 차를 몰면 체포되기도 했어.

자전거를 타고 지구를 한 바퀴 도는 데에는 꼬박 한 달이 걸린다.

똥 그보다 훨씬 더 오래 걸려. 세계 기록을 세운 마크 버몬트라는 사람은 두 달 반 동안 자전거를 타고 3만 킬로미터를 달리면서 엉덩이에 물집을 잔뜩 얻었지. 솔직히 비행기를 탔다면 훨씬 더 편하고 빨랐을 텐데.

케이에게 물어봐

최초로 속도위반 딱지를 받은 사람은?

1896년 월터 아놀드 Walter Arnold라는 남자가 영국 켄트주의 한 마을에서 제한속도의 4배 속도로 차를 몰다가 체포되었어! 제한 속도의 4배라니 놀랍지 않니? 사실 그의 속도는 겨우 시속 13킬로미터 정도였어. 그 시대에는 제한 속도가 약 3킬로미터였거든. 그 정도면 달팽이도 속도위반으로 체포될걸?

에어백(Airbag)은 누가 발명했을까?

'에어백'은 1921년 해럴드 라운드 Harold Round와 아서 패럿 Arthur Parrott이라는 두 치과 의사가 발명했어. 두 사람은 환자의 입속을 들여다보는 게 지겨웠는지(그럴 만도 하지.) 자동차 운전자와 승객을 보호하는 장치를 만들어 보기로 했어. 하지만

찬물 끼얹기
2/10
에어백에는 질소(Nitrogen)가 들어 있으니 정확히는 니트로백이라고 불러야지.

실제로 차에 에어백이 설치된 건 그로부터 50년이 지나서였지. 에어백을 설치하면 사고가 났을 때 차의 앞쪽과 옆쪽에 있는 주머니들에 질소가 차면서 순식간에 부풀어 올라. 부풀어 오른 에어백은 운전자와 승객의 충격을 줄여 줘. 그러면 핸들에 머리를 부딪쳐 심각한 부상을 당하는 걸 예방할 수 있지.

전 세계에 있는 자전거를 모두 합치면 몇 대나 될까?

뭐, 겨우 10억 대 정도야. 그중 절반은 중국에 있고 1억 대 이상이 미국에 있어. 영국에는 2000만 대쯤 있으니까 영국인 세 명 중에 한 명은 자전거를 갖고 있다는 뜻이야. 세 명이 어떻게 자전거 한 대에 탄다는 건지 모르겠네. 한국에는 1000만 대쯤 있으니까 다섯 명이 자전거 한 대에 타는 셈이지. 더 대단한데?

닥터 K 역대

꿈속의 발명

나는 꿈속에서 훌륭한 아이디어를 많이 떠올리지. 마시멜로로 만든 소파도 그중 하나야. 더없이 푹신하고 편안하지만 아주 작은 단점이 하나 있어. 말벌 5200만 마리가 우리 집 거실에서 살기 시작했다는 거야. 그 밖에도 나는 꿈속에서 케이크 포크(케이크로 만든 포크)와 애호박(호박으로 만든 아이) 등의 발명 아이디어를 얻었어.

하지만 그런 것들이 과연 세상을 바꿨을까? 글쎄. 케이크 포크는 꽤 인기가 있긴 했지. ⚡ **사실은? - 겨우 여덟 개 팔렸는데 그중 여섯 개는 가족이 샀습니다.** ⚡ 어쨌든 잠을 자다가 나처럼 굉장한 아이디어를 떠올린 발명가들이 또 있거든. 그들이 어떤 꿈을 꾸고 무엇을 발명했는지 지금부터 소개해 볼게.

DNA

DNA(Deoxyribo Nucleic Acid의 약자야. 한글로 데옥시리보 핵산이라고 해. 부모님께 이 사실을 아시는지 물어봐. 모른다고 하시면 같이 초등학교에 다니자고 하렴.)는 바로 너를 만드는 데 필요한 물질이야! 머리카락 색, 귀 모양, 방귀 냄새를 포함해 너에 관한 모든 것을 프로그래밍하는 코드 같은 거지. 우리가 이런 사실을 알게 된 건 아주 똑똑한 네 명의 과학자, 로절린드 프랭클린 **Rosalind Franklin**과 제임스 왓슨 **James Watson**, 프랜시스 크릭

Francis Crick, 모리스 윌킨스Maurice Wilkins 덕분이지. 이 네 사람이 DNA에 관해 발견한 사실 중 가장 흥미로운 것은 바로 DNA의 모양이야. 두 개의 줄이 나선 모양으로 꼬여 있거든. 이걸 어떻게 알았냐고? 제임스 왓슨이 낮잠을 자다가 이상한 이중 계단이 나오는 꿈을 꾸었어. 그래서 잠에서 깨어 그 계단을 그려 보았는데…… 짜잔! 그게 바로 DNA의 모양이었던 거지!

주기율표

드미트리 멘델레예프Dmitri Mendeleev라는 러시아의 화학자는 10년 동안 원소들의 순서를 정하는 방법을 연구했어. 어떻게 정해야 할까? 키 순서로? 아니면 제비뽑기로? 둘 다 아니었어. 드미트리는 어느 날 잠을 자다가 답을 떠올렸지. 바로 비슷한 성질을 가진 원소들을 묶어 표로 정리하는 거였어! 그가 발표한 주기율표는 화학계를 영원히 바꿔 놓았지! 하지만 솔직히 꿈이 너무 따분한 것 같지 않니? 보통 우리는 학교 수업이 취소되거나 날아다니는 개코원숭이와 함께 노는 꿈을 꾸잖아.

재봉틀

일라이어스 하우Elias Howe는 아주 오랫동안 재봉틀을 설계하려고 노력했는데 바늘 모양을 도무지 정할 수가 없었어. 그러던 어느 날 밤 그는 꾸벅꾸벅 졸다가 악몽을 꾸었어. 어딘가로 휴가를 갔는데 몹시 안 좋은 상황이 벌어져서 곧 처형을 당할 위기에 빠지는 꿈이었지. 꿈속에서 창을 든 전사들이 일라이어스를 들고 옮길 때 그는 그들이 든 창의 윗부분에 구멍이 뚫린 것을 발견했어……. 잠에서 깬 일라이어스는 몹시 흥분했지. 이유는 두 가지였어. 첫째, 꿈에서 본 창 모양으로 재봉틀 바늘을 만들면 완벽할 것 같았거든. 둘째, 성난 전사들의 창에 찔려 죽는 줄 알았는데 그게 다 꿈이었다니 얼마나 마음이 놓였겠니?

프랑켄슈타인

나는 악몽을 꾸면 식은땀을 흘리며 깨어나거든. 피핀을 불러서 한 번 껴안고 나서야 마음이 가라앉아. 그러고 나면 바로 후회하긴 하지. 피핀에게서 개 사료 냄새와 여우 똥 냄새가 나니까. 약 200년 전 메리 셸리Mary Shelley라는 영국 작가는 악몽을 꾼 뒤 책상 앞으로 가서 그 내용을 써 내려갔어. 그렇게 탄생한 이야기가 바로 『프랑켄슈타인』이야.

꿈에서는 좀 예쁜 헤어스타일로 나오게 해 주면 안 되나?

애덤 케이 천재 주식회사

애덤의 부지런한 부메랑 장갑

장갑을 자주 잃어버린다고요? 아침에 끼고 나간 장갑이 집에 돌아올 때는 어디론가 사라지고 없다고요? 애덤의 부지런한 부메랑 장갑을 끼면 이제 그런 일은 없을 겁니다. GPS 기술과 편리한 바퀴가 달린 이 장갑은 언제나 집으로 돌아올 테니까요.*

말도 안 되는 가격! 2,999,900원 (월 이용료 79,900원)

*이 장갑은 손에 끼고 있을 때에만 집으로 돌아오니 유의하세요.

바다와 하늘 여행
(TRAVEL: SEA AND AIR)

자동차도 좋고 기차도 좋지만 만약 바다 건너 미국을 여행하고 싶다면 어떻게 해야 할까? 자동차나 기차로는 미국을 갈 수가 없잖아. 바다를 헤엄쳐 가면 흠뻑 젖어 버릴걸? 다행히 배와 비행기가 발명되었기 때문에 이제는 좀 더 쉽게 바다를 건너갈 수 있게 되었지. 누가 발명했는지 알고 싶니? 걱정 마. 어차피 알려 주려고 했어.

물의 선물

최초의 배를 발명한 사람은 바로 배타로 바다가라는 여성이야. **사실은? - 아닙니다.** 그럼 혹시 노저어 보트? **사실은? - 최초의 배를 누가 발명했는지는 아무도 모릅니다.** 한 가지 분명한 사실은 인간이 수십만 년 전부터 배를 만들었다는 거지. 최초의 배는 통나무배야. 통나무 한가운데를 파서 사람이 앉을 수 있게 만든 배였어. 여기에 노 두 개를 더하자 노 젓는 배가 되었지.

돛단배

약 6000년 전 고대 이집트 사람들이 아주 중요한 사실을 발견했어. 배 위에 높은 돛대를 세우고 돛을 걸면 힘들게 노를 젓지 않아도 바람이 대신 배를 밀어 준다는 사실이었지. 누가 연구한 것일 수도 있고 그저 배에 속옷을 말리려고 걸어 놓았다가 우연히 발견했을 수도 있어. 고대 이집트에서는 배를 갈대로 만들었어. 갈대는 그저 기다란 풀일 뿐인데, 그런 걸로 배를 만들다니 너무 위험한 것 같지 않니? 하지만 갈대를 단단히 뭉쳐서 묶어 놓으면 꽤 안전한 배가 되었어. '꽤'라고 말한 건 배 안으로 물이 들어갈 틈이 많았기 때문이야.

맛있겠다! 갈대 접시에 인간이 담겨 있다니!

고대 그리스의 수학자 아르키메데스는 이 문제를 많이 고민했어. ⚡ **사실은? - 정확한 이름은 아르키메데스Archimedes입니다.** ⚡ 아르키메데스는 사람을 2000명쯤 태울 수 있는 *시라쿠시아호*라는 거대한 배를 만들었어. 축구장만큼 넓고 3층 건물만큼 높은 데다 사원과 도서관, 체육관, 그리고 맥도날드 드라이브스루까지 있는 아주 호화로운 배였지. ⚡ **사실은? - 맥도날드는 그로부터 2000년 뒤인 1955년에 생겼고, 드라이브스루는 1975년부터 열었습니다.** ⚡ 전 세계에서 가장 크고 가장 좋은 배를 만들었다면 절대 가라앉지 않기를 바랐겠지? 그래서 아르키메데스는 배 안으로 물이 들어오면 모조리 빨아들여 다시 바다로 뿜어내는 장치를 발명했어. 그리고 **아르키메데스의 나선식 펌프**라는 이름을 붙였지. 가늘고 긴 원통 속에 들어 있는 나선 축을 돌려 바닥에 있는 물을 위로 끌어올리는 장치야. 이 장치는 오늘날에도 사용하고 있어. 아르키메데스 만세! 아르키메데스의 나선식 펌프를 그림으로 표현해 봤어. 혹시 지루할까 봐 풀을 먹는 곰돌이 푸 그림도 준비했어.

찬물 끼얹기
4/10
잘난 척하기는!

⚡ **사실은? - 주인님은 책에 전부 자기 이름을 넣었잖아요.** ⚡

　　(내 변호사 나이절의 당부! 아무리 만화에 나오는 곰이라고 해도 절대 풀을 먹어선 안 된대.)

아르키메데스는 그 밖에도 책 한 권을 가득 채울 만큼 많은

것을 발견하고 발명했지. 몇 가지만 꼽아 보면 원의 넓이를 구하는 공식(πr^2)과 구의 겉넓이를 구하는 공식($4\pi r^2$), 주행거리계 등이 있어. 주행거리계는 어디에 쓰는 건지 나도 몰라. 세상에 이런 물건도 있었나? ↯ **사실은? - 물체가 이동한 거리를 측정하는 기계입니다.** ↯ 또 그가 훌륭한 지레와 도르래를 만든 덕분에 사람들은 냉장고만 한 팔 근육이 없어도 아주 무거운 물건을 옮길 수 있게 되었지. 그는 이렇게 말했어. "내게 충분한 자리와 충분히 긴 지레만 주면 지구라도 들어 올릴 수 있다."

이제 내 로봇 도우미에게 거짓말 탐지기를 켜 보라고 할게. 아르키메데스에 관한 다음 사항들 중에서 새빨간 장기말을 찾아보렴.

증기선으로 기선 제압

수천 년 동안 바람에 배를 맡기던 사람들은 1800년대가 되자 새로운 기술을 시도하기 시작했어. 바로 순간 이동이야. **사실은? - 증기기관입니다.** 최초의 증기선은 증기기관을 이용했어. 배의 옆면에 달린 거대한 바퀴들을 회전시켜 물을 밀며 나아갔어. 그러다가 아르키메데스의 나선식 펌프를 거꾸로 달면 프로펠러 역할을 한다는 사실을 깨달았지. 이 프로펠러는 오늘날에도 사용되고 있어.

증기선을 만든 사람 중에 주요한 인물 한 명은…… 바로 이점바드 킹덤 브루넬이야. 이 사람은 안 만든 게 없네. 잠은 언제 잤을까? 이점바드가 처음으로 만든 배 SS그레이트웨스턴은 당시 세계에서 가장 컸고 영국의 브리스틀에서 미국의 뉴욕까지 단 2주 만에 갈 수 있었어. 옛날 돛단배의 두 배에 달하는 속도였지. 머지않아 훨씬 더 크고 호화로운 배들이 만들어져서 사람들을 영국에서 미국으로 실어 날랐어. 이런 항해는 큰 인기를 끌었고 사람들은 줄지어 여행을 떠났지. 여기에 사용된 배는 튜토닉호, 마제스틱호, 올림픽호…… 그리고…… 타이타닉호가 있었어. 타이타닉호가 침몰하면서 한동안 이 여행의 인기는 조금 시들해졌어.

잠수함은 잠잠하게

레오나르도 다빈치는 아무래도 시간 여행을 한 것 같아. 500년 전 사람인데도 그의 공책에는 한참 뒤에 탄생한 탱크나 에어컨 같은 발명품이 잔뜩 그려져 있거든. 아직도 발명되지 않은 하늘을 나는 자전거도 그려져 있다니까. 또 다른 놀라운 발명품은 잠수함이야. 어쩌면 발명을 한 게 아니라 미래에 와서 슬쩍 보고 갔는지도 모르지. 이 잠수함의 이름은 '다른 배를 침몰시키는 배'였어. 눈에 띄지 않고 적의 배에 살금살금 다가갈 수 있도록 설계했거든. 안타깝게도 레오나르도의 잠수함은 실제로 만들어지지 않았어. 설마, 너무 잘 만들어서 눈에 띄지 않은걸까?

실제로 물속을 돌아다니는 잠수함은 1620년에 코르넬리우스 드레벨Cornelius Drebbel이라는 네덜란드 공학자가 처음 만들었어. 나무로 틀을 만들고 그 위에 가죽을 덮은 뒤 물이 들어오지 않도록 기름을 듬뿍 발랐지. 잠수함에 물이 들어오면 좀 그렇잖아? 코르넬리우스의 방법은 성공적이었어. 사람들이 노를 저어 움직이는 방식이었고 총 열여섯 명이 탈 수 있었어. 거대한 스노클처럼 생긴 관이 수면 위로 연결되어 있어서 그 안에서도 공기로 숨을 쉴 수 있었지. 드레벨의 잠수함에 처음 탄 사람들 중에는 제임스 1세 왕도 있었어. 제임스 1세는 아마 잠수함에 탄 1호 왕의 줄임말일 거야. ➤ 사실은? - 아닙니다. ➤

저는 그냥 물고기입니다.

오늘날의 잠수함은 좀 더 발전했고 스노클 같은 건 달려 있지 않아. 잠수함은 창문도 없이 어둠 속에서 움직여야 하기 때문에 석유 굴착 장치와 다른 배들, 물속의 산과 인어들을 피하는 법을 잘 알아야 해. ⚡ **사실은? - 인어는 아닙니다.** ⚡ 여기에 사용하는 것이 바로 수중 음파 탐지기, 즉 소나Sonar야. 소나도 상상력이 가장 풍부한 발명가의 작품이지. 그래, 나 말이야. ⚡ **사실은? - 레오나르도 다빈치죠.** ⚡ 소나는 물속으로 아주 높은 소리를 내보낸 뒤 반사되어 돌아오는 음파를 분석하는 장치야. 돌고래도 같은 방법으로 주변 상황을 파악하는데, 아직까지 벽에 부딪혀서 코에 깁스를 한 돌고래가 없는 걸 보면 효과가 있는 모양이야.

콩콩 드륵드륵

호버카커럴은 1950년대에 크리스토퍼 크래프트 경이라는 사람이 발명했어. ⚡ **사실은? - 크리스토퍼 카커럴**Christopher Cockerell **경이라는 사람이 호버크래프트**hovercraft**를 발명했습니다.** ⚡ 아, 그렇구나. 호버크래프트는 뒤쪽에 달린 커다란 프로펠러를 사용해 앞으로 나아가는 보트인데, 공기가 가득 든 쿠션이 아래쪽을 받치고 있어서 표면의 상태가 어떻든 앞으로 나아갈 수 있어. 땅 위든 물 위든 얼음 위든 똥 위든 상관없었다니까? 크리스토퍼 경은 진공청소기와

고양이 사료 두 캔으로 최초의 호버크래프트를 만들었어. 냄새가 좀 났을 테지만, 어쨌든 그는 배가 수면 위 허공으로 떠오를 수 있다는 사실을 증명했지. 호버크래프트는 엄청난 속도를 낼 수 있어. 시속 130킬로미터까지 낼 수 있는데, 이 정도면 도로를 달리는 자동차보다도 빠른 속도야. 영국과 프랑스 사이의 영불해협을 건너는 수단으로 큰 인기를 끌었지. 공기가 들어 있는 쿠션에 타고 물 위를 건너면 푹신하고 편안할 것 같지 않니? 실제로는 '스카이콩콩'을 타고 자갈 위를 콩콩 뛰며 드릴로 구멍을 뚫어 대는 것처럼 심하게 덜컥거렸다니까? 채널 터널(기억이 안 난다면 1권을 다시 읽고 오도록.)이 생기자 호버크래프트의 인기는 시들해졌지. 기차를 타고 채널 터널을 지나면 영국에서 프랑스까지 핫초콜릿을 마시며 편안하게 갈 수 있잖아. 머리와 얼굴, 바지에 핫초콜릿을 뒤집어쓸 염려도 없고 말이야.

초단순 비행

인간은 훨훨 날아다니는 새를 처음 본 순간부터 하늘을 날고 싶어 했어. 비행의 재미를 익룡만 누리라는 법은 없잖아? — 사실은? - 익룡은 인간이 이 땅에 존재하기 수백만 년 전에 이미 멸종했습니다.

인간이 실제로 허공으로 떠오르는 데 성공한 건 겨우 250년 전이야. 허공으로 떠오르는 것보다 더 중요한 건 떨어지지 않고 하늘에 머물러 있는 일이었지. 1700년대 프랑스에는 조제프 미셸 몽골피에Joseph-Michel Montgolfier와 자크 에티엔 몽골피에 Jacques-Étienne Montgolfier 형제가 살고 있었어. 어느 날 저녁 조제프 미셸은 벽난로에서 타오르는 불길을 바라보다가 굴뚝으로 불똥이 튀어 오르는 것을 봤어. 그리고 그 원리를 이용해 하늘을 날면 어떨까 생각해 보았지. 얼마 후 그는 동생과 함께 세계 최초의 열기구를 만드는 데 성공했어. 그런데 걱정스럽게도 불에 아주 잘 타는 종이와 천으로 만들었지 뭐야. 어쨌든 그들은 이 열기구에 첫 탑승객을 태워 날려 보았지.

참고로 탑승객은 오리 한 마리와 양 한 마리, 수탉 한 마리였어. 오리와 수탉은 문제가 생겨도 날면 되니까 걱정이 없었지만 양은 너무 무서워서 똥을 지렸을 거야. 다행히 열기구는 10분 뒤에 무사히 착륙했어.

몽골피에 형제는 불에서 나오는 연기가 하늘로 떠오르는 마법의 물질이라고 여기고 몽골피에 가스라는 이름을 붙였어. 알고 보니 그건 특별한 가스가 아니라 그냥 공기였지. 공기는 온도가 높아지면 위로 올라가는 성질이 있거든. 그래서 연기 탐지기를 바닥이 아닌 천장에 설치하는 거야. 열기구가 떠오르는 것도 같은 원리지. 그런데 이 열기구에는 아주 작은 문제가 있었어. 바로 방향을 조종할 수 없다는 거였지. 그저 불을 키웠다가 줄이면서 올라갔다 내려오는 게 전부였어. 서쪽으로 가고 싶다면 서쪽으로 부는 바람을 찾는 수밖에 없었지. 길에서 우연히 같은 방향으로 가는 차를 잡아타는 것처럼 말이야.

진정하고 심호흡을 해. 이렇게. 메에에에.

움찔움찔 글라이더

스페인행 비행기를 탔는데 바람이 불가리아 쪽으로 분다는 이유로 결국 불가리아에 도착한다면 몹시 화가 나지 않겠니? 그래서 사람들은 방향을 조종할 수 있는 비행기를 만들었어. 커다란 새가 날개를 푸드덕거리지 않고 매끈하게 나는 것을 본 적이 있니? 이렇게 나는 걸 활공이라고 해. ⚡ 사실은? - 영어로는 '글라이딩gliding'이라고 합니다. ⚡ 아직 엔진이 발명되지 않았기 때문에 최초의 비행기는 커다란 새처럼 활공할 수밖에 없었어. 이런 비행기를 글라이더glider라고 불렀지.

조지 케일리George Cayley라는 영국의 항공 과학자는 운 좋게도 어마어마하게 큰 집에 살았어. 1804년에 조지는 어마어마하게 큰 계단으로 맨 위층에 올라가 어마어마하게 큰 아래층 홀로 다양한 형태의 목제 날개를 던져 보았어. 날개와 타일, 난간 등을 왕창 부수고 나서야 그는 아래쪽이 평평하고 위쪽은 둥근 날개가 잘 날 수 있다는 사실을 깨달았지. 여기서 또 한 번 짧게 과학 이야기를 해야 할 것 같네. 미안.

> 찬물 끼얹기
> 5/10
> 너무 뻔한 이름이잖아.

짧은 과학 이야기

날개 모양이 아래는 평평하고 위쪽은 둥글면, 공기가 날개를 지나갈 때 위와 아래의 속도가 달라. 둥근 위쪽으로 넘어가는 공기가 더 긴 거리를 가야 하니 더 빨리 이동할 수밖에 없지. 빠르게 이동할수록 공기의 압력은 낮아지기 때문에 날개의 위쪽보다 아래쪽의 압력이 더 높아지지. 모든 건 압력이 높은 곳에서 낮은 곳으로 흘러. 그러면 날개도 위로 올라가고 결국에는…… 하늘을 날게 되는 거야. 그림으로 표현해 봤는데, 혹시 따분할까 봐 부리토를 먹는 모스키토 그림도 함께 준비했어. 모스키토가 모기라는 건 알지?

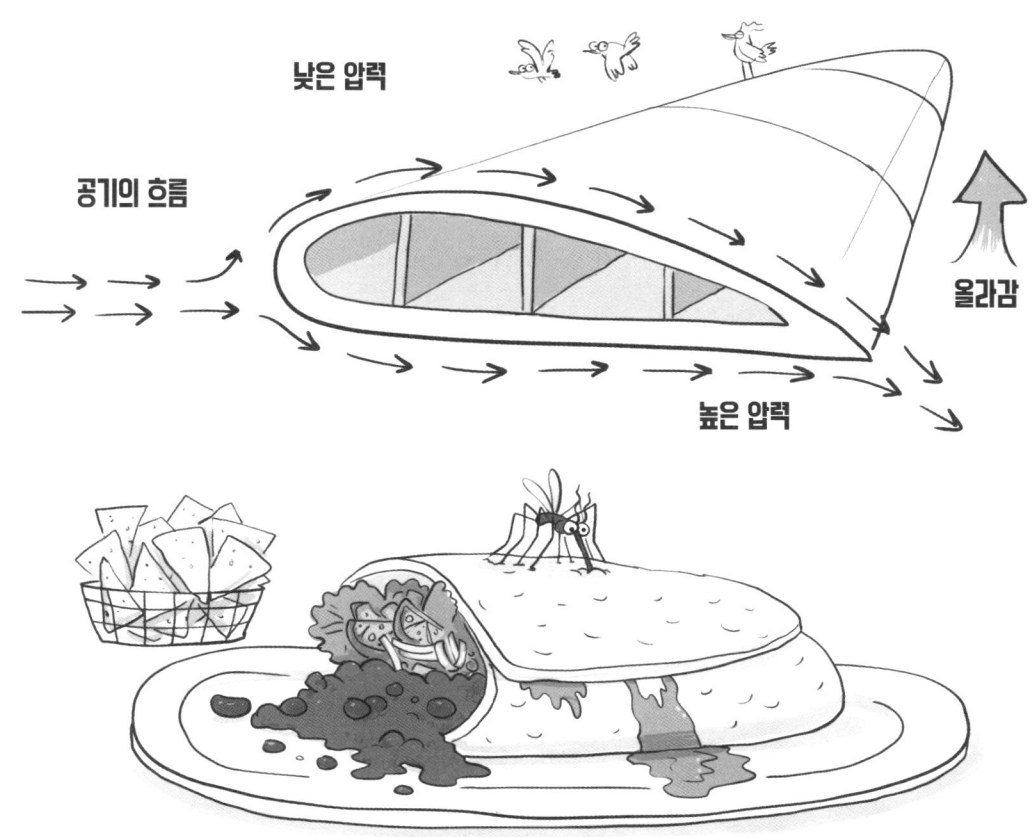

계단 아래로 날개를 던져 대던 조지는 1848년에 이 놀이를 그만두고 마침내 글라이더를 만들었어. 그런데 그 글라이더를 처음으로 탄 사람은 누구일까?

① 조지 케일리
② 조지의 개 버트럼
③ 지나가던 열 살 소년
④ 당시 영국 총리였던 러셀 경
⑤ 우리 프루넬라 고모할머니

만약 ③을 골랐다면 영국의 버킹엄 궁전에서 6주 동안 머물게 해 줄게. (내 변호사 나이절의 당부! 버킹엄 궁전에는 아무도 머물 수 없대. 그리고 만약 안에 들어가서 침실을 보려 하면 체포되어 감옥에 가게 될 수도 있으니 조심하라고 하네.) 다행히 비행은 순조롭게 끝났고 소년은 무사했어.

쌍라이트

오빌 라이트Orville Wright와 윌버 라이트Wilbur Wright 형제는 비행의 역사에서 가장 중요한 인물이야. 새뮤얼 에어플레인을 제외한다면 말이야. ⚡ **사실은? - 제 인물 검색 기능으로는 새뮤얼 에어플레인의 기록을 찾을 수 없습니다.** ⚡ 오빌과 윌버는 대학에 가는 것을 포기하고 자전거 가게를 열어 돈을 벌었어. 그러면서 정말 좋아하는 일에 그 돈을 쏟아부었지. 바로 방귀 냄새 향수를 발명하는 일이었어. ⚡ **사실은? - 비행기를 발명하는 일이었습니다.** ⚡

1903년 두 형제는 새로운 발명품인 라이트 플라이어 Wright Flyer를 시험해 보았어. 이 비행기는 오늘날 우리가 휴가 때 타는 비행기와는 많이 다른 모습이었지. 기다란 막대들을 두 줄로 나란히 놓은 뒤, 그 사이에 지지대를 넣어 날

> 찬물끼얹기
> **2/10**
> 자기네성을
> 넣어서 대충 지은
> 이름이잖아.

개를 만들었거든. 하지만 성공했어! 완벽한 성공은 아니었지만. 어쨌든 12초 동안 이름도 오싹한 킬 데빌 힐스 마을 위를 네가 달리는 것과 비슷한 속도로 날았다니까.

형제는 몇 번 더 시도했고, 비행기는 결국 강풍에 거꾸러져서 산산이 부서지고 말았지. 다음에 만든 비행기 플라이어 2는 크게 나아지지 않았지만 그다음 비행기인 플라이어 3은 훨씬 더 성공적이었어. 1905년에 윌버는 플라이어 3을 타고 거의 40분 동안 비행했거든. 더 멀리 갈 수도 있었는데 떠나기

찬물 끼얹기
0/10
이렇게 성의 없는 이름은 처음이야.

찬물 끼얹기
-1/10
점점 더 성의가 없어지는군.

전에 연료 넣는 걸 깜빡했지 뭐야?

　라이트 형제는 실제로 작동하는 최초의 비행기를 발명했지만 아무도 그 소식을 신문에 내 주지 않았어. 딱 한 사람, 꿀벌에 관한 잡지를 만드는 에이머스 루트Amos Root만 그들에 대한 기사를 썼지. 에이머스는 그들이 나는 광경을 보고(꿀벌 말고 라이트 형제가 나는 광경 말이야. 꿀벌이 나는 건 수없이 보았겠지.) 기사를 썼지만 꿀벌 잡지를 읽는 사람이 별로 없어서 그 기사도 벌떼처럼 퍼져 나가진 않았지. ⚡**사실은? - 저의 유머 평가 기능에 따르면 이 유머는 100점 만점에 6점입니다.** ⚡ 다른 기자들은 라이트 형제가 하늘을 날았다는 소식을 믿지도 않았어. 〈뉴욕 헤럴드 트리뷴〉이라는 신문은 '비행꾼인가 사기꾼인가'라고 묻기도 했다니까.

　너는 절대 그러지 않겠지만, 네 주변에 화가 나면 발을 쿵쾅거리며 밖으로 나가 버리는 사람이 있지 않니? 라이트 형제도 그런 사람들이었어. 발을 쿵쾅거리며 미국을 떠나 열기구의 고향인 프랑스로 가서 이름도 프랑스식으로 발음하며 그곳 사람들의 관심을 받으려 노력했지. 과연, 프랑스 사람들은 훨씬 더 큰 관심을 보였어! 윌버가 비행기를 타고 원 모양과 8자 모양으로 하늘을 날며 열두 가지 색의 연기로 "맛 좀 봐, 미국" 하고 쓰자 프랑스 사람들이 몹시 감탄했다니까. ⚡**사실은? - 연기로 글씨를 쓰지는 않았습니다.** ⚡ 머지않아 라이트 형제는 곳곳에 비행기를 판매했어. 하지만 아직 공항이 없어서 대개는 군대에서 사 갔지. 미국도 몇 대를 살 수 있게 해 주었어.

그러면서 라이트 형제는 우연히 새로운 오락 거리도 발명하게 되었는데…… 바로 에어쇼야! 겁 없는 조종사들이 굉장한 (그리고 굉장히 허접한) 새 비행기를 타고 곡예를 부리는 광경을 보기 위해 50만 명이 몰려들곤 했지. 50만 명은 서울에 있는 초등학생 전체를 다 합친 것보다 많은 수야. 어마어마하지?

유명한 에어쇼 조종사 가운데 용감한 베시**Brave Bessie**라고 불리는 베시 콜먼**Bessie Coleman**이라는 여성이 있었어. 베시는 흑인 최초로 국제 조종사 자격증을 땄고 비행기로 가장 놀라운 묘기를 선보였어. 하지만 베시의 삶은 행복하게 끝나지 않았어. 1926년 베시가 탄 비행기에 결함이 생겨 추락하고 말았거든. 그래도 베시는 지금까지 가장 훌륭한 조종사 중 한 사람으로 기억되고 있어.

비행의 비상

사람들이 처음으로 표를 사서 비행기를 탈 수 있게 된 건 1914년이야. 세인트피터즈버그에서 탬파까지 가는 비행기였지. 둘 다 미국의 플로리다에 있는 바닷가 도시야. 그때까지만 해도 공항이 하나도 없었기 때문에 비행기는 물 위에서 이륙하고 물 위에 착륙할 수밖에 없었거든. 정말 무서웠을 것 같지 않니? 이제는 활주로라는 게 있어서 얼마나 다행인지 몰라. 비행기는 제1, 2차 세계대전에서 아주 중요한 역할을 하면서 미국에서만 30만 대 넘게 만들어졌어. 제2차 세계대전이 끝난 뒤에는 이런 비행기를 항공사들이 사서 일반 승객을 태우기 시작했지.

초기의 비행기 여행은 별로 재미있지 않았어. 소음이 굉장히 심하고 객실도 추운 데다가 덜컥거리기도 했거든. 비행기 승객 중에 아픈 사람이 너무 많아서 이들을 보살필 간호사들이 함께

타기도 했어. 게다가 이따금 멈춰서 연료를 넣어야 했고, 추락하는 일도 많았어. 아참, 그리고 표도 엄청나게 비쌌지.

　비행기에 프로펠러 대신에 훨씬 더 강력한 제트엔진을 장착하면서 상황이 훨씬 좋아졌고, 바다 건너 먼 나라까지 갈 수도 있게 되었어. 다음으로 중요한 변화는 객실의 압력을 일정하게 유지할 수 있게 된 거야. 높은 곳으로 올라가면 압력이 낮아지면서 공기가 희박해져. 그래서 숨 쉬기가 힘들지. 하지만 압력 조절 장치 덕분에 비행기가 아주 높이 올라가도 객실의 공기가 희박해지지 않게 된 거야. 이제 승객들은 객실 안에서도 편안하게 숨 쉴 수 있게 되었어. 또 비행기가 난기류 위로 올라갈 수 있게 되어 통로에 토사물이 흐르는 일도 없어졌어.

1976년 아주 강력한 제트엔진 네 개와 놀랍도록 매끈한 날개를 자랑하는 비행기 콩코드Concorde가 만들어졌어. 소리의 두 배 속도를 내는 콩코드는 영국 런던에서 미국 뉴욕까지 겨우 3시간 30분 만에 날아갈 수 있었지. KTX를 타고 서울에서 부산까지 가는 것보다 조금 더 걸리는 셈이야. 하지만 콩코드를 운영하는 회사는 비행할 때 드는 비용이 너무 비싸서 계속 손해를 보았어. 결국 2003년에 마지막 비행을 하게 되었지. 그래도 서울과 부산을 오가는 KTX는 아직 운행 중이니 안심해.

> 찬물끼얹기
> 9/10
> 영국과 프랑스가 공동으로 만든 비행기인데, '콩코드'는 영어로나 프랑스어로나 '화합'이라는 뜻이거든. 훌륭한 이름이지.

추락하는 것은 날개가 있다

아무래도 이 단원의 제목을 잘못 지은 것 같아. '500년 전 레오나르도 다빈치가 떠올린 아이디어들'이 더 어울리는 제목 같거든. 레오나르도는 자동차와 잠수함, 풍선껌을 발명한 데서 만족하지 못하고 ➤ 사실은? - 풍선껌은 1928년 월터 디머Walter Diemer라는 회계원이 발명했습니다. ➤ 낙하산 설계도까지 그려 놓았지 뭐야? 나무로 만든 커다란 사각형 위에 피라미드 모양의 천을 덮고 그 아래 사람이 매달릴 수 있게 만든 장치였어. 레오나르도 다빈치는 너무 게을러서 그것을 실제로 만들지 못했지만 20년쯤 전에 영국의 한 스카이다이버가 레오나르도의 설계도를 보고 똑같은 낙하산을 만

들어 허공에서 시험했는데…… 무사히 내려오는 데 성공했어! 나라면 최신식 낙하산을 하나 더 준비했을 것 같아. 혹시 모르잖아…….

1783년 세계 최초로 낙하산을 타고 안전하게 내려온 사람은 루이-세바스찬 르노르망Louis-Sébastien Lenormand이었어. (이름에서 알 수 있듯이 프랑스 사람이야.) 영어로 '낙하산'을 '패러슈트parachute'라고 하잖아. 이 말도 '추락을 멈추다'라는 뜻으로 루이-세바스찬이 만든 거야. 그가 사용한 낙하산은 성공적이었지만 그리 유용하지 않았어. 침대 두 개를 합친 것만큼 컸기 때문에 추락하는 상황에서 빠르게 착용하기가 어려웠거든.

1910년 카타리나 파울루스Katharina Paulus라는 독일 여성은 남편이 일하러 갈 때마다 걱정이 이만저만이 아니었어. 카타리나와 남편은 둘 다 공중 곡예사였는데 남편의 주특기가 열기구에서 뛰어내려 낙하산을 타고 땅으로 내려오는 묘기였거든. 나도 내 배우자가 호랑이의 이를 보는 치과의사라 그 사람이 일하러 갈 때마다 몹시 걱정하고 있어. ↙ **사실은? - 그분은 평이 아주 나쁜 텔레비전 프로그램을 만들고 있잖아요.** ↙ 그래서 카타리나는 배낭처럼 메고 있다가 필요할 때 안전하게 펼칠 수 있는 낙하산을 처음 설계했어. 그런데 안타깝게도 어느 날 이 낙하산이 펼쳐지지 않아서 카타리나의 남편은 땅으로 곤두박질치고 말았지…… 이런.

배낭을 잘못 메고 온 거 아니야?

참새처럼 떠오른 체펠린

오빌과 윌버 라이트 형제가 미국에서 한창 비행기를 만들고 있을 때, 멀리 독일에서는 페르디난트 폰 체펠린Ferdinand von Zeppelin 백작이 아주 색다른 비행 방법을 생각해 냈어. 거대한 헬륨 풍선을 이용하는 거였지. 체펠린 비행선이라는 이 기구는 축구장보다 더 길고 물속에서 쓰는 폭탄인 어뢰와 비슷한 모양이었어. 알루미늄 프레임에 천을 씌워서 만들었지. 공기보다 가벼운 기체, 예를 들면 수소 등을 채운 커다란 풍선들을 넣어 허공으로 떠오르게 만든 기구야.

    조금 징그러운 얘기지만 그 풍선들은 소의 창자로 만들었어. 체펠린 비행선 한 대를 띄우기 위해서는 젖소 25만 마리의 창자가 필요했지. 소의 창자는 소시지를 만드는 데에도 쓰였는데, 독일에서는 체펠린 비행선을 띄우기 위해 몇 년 동안 소시지

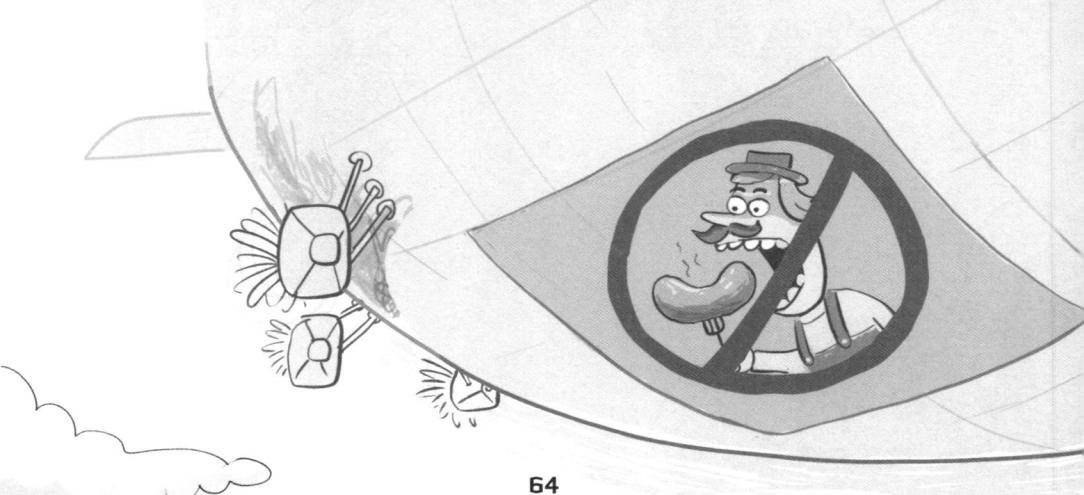

판매를 금지하기도 했어. 체펠린 비행선은 참새처럼 떠올랐고, ⚡ **사실은? - 저의 유머 평가 기능에 따르면 이 유머는 평가할 수도 없는 수준입니다.** ⚡ 제1차 세계대전에서는 폭탄을 떨어뜨리거나 대서양을 건너는 등 많은 역할을 했어.

그러다가 1937년 힌덴부르크 참사가 일어났어. 참사라는 말에서 알 수 있듯이 전혀 좋은 일이 아니었지. 힌덴부르크는 독일에서 출발해 아메리카 대륙 위를 날아가는 거대한 체펠린이었어. 수소는 공기보다 가벼워서 허공으로 떠오르는 데 도움을 주지만 불이 아주 잘 붙기도 해. 아주 작은 불똥만 튀어도 폭발할 수 있지. 힌덴부르크에서도 조그만 전기 스파크가 일면서 폭발이 일어나 승객 36명이 사망했어. 오늘날에도 체펠린 비행선 몇 대가 하늘을 날고 있지만, 다행히 이제는 수소처럼 폭발하는 기체는 사용하지 않아.

헬로! 콥터!

한동안 레오나르도 다빈치가 보이지 않아서 궁금했니? 걱정 마. 여기서 다시 불러올 거니까. 레오나르도는 '공중 나선 추진기'라는 기구의 도면을 그렸는데, 이 기구가 헬리콥터helicopter와 아주 비슷했어. 사람들이 단 위에 서서 커다란 돛을 비틀어 회전시키며 허공으로 띄워 올리는 기구였지. 레오나르도는 실제로 이 기구를 만들지는 않았어. 항상 이런 식이라니까. 그 뒤로도 헬리콥터를 만들려고 시도하는 사람은 없었지. 그러다 100여 년 전 프랑스의 루이와 자크 브레게Louis and Jacques Bréguet 형제가 자이로플레인Gyroplane이라는 헬리콥터를 만들었어.

솔직히 자이로플레인은 그리 훌륭하지 않았어. 기껏해야 무릎 높이까지만 날아올랐고 방향을 조종할 수도 없을 뿐더러 네 사람이 서서 잡고 있어야 떠 있을 수 있었거든. 그렇다고 해도 브레게 형제는 세계 최초로 헬리콥터를 허공으로 띄우는 데 성공한 사람들인 셈이야.

헬리콥터를 실제로 살 수 있게 된 건 1939년부터야. 이고르 시코르스키Igor Sikorsky는 어릴 때부터 레오나르도 다빈치의 열성적인 팬이었어. 오늘날 아이들이 내 책의 열성적인 팬이 되는 것처럼 말이야. ⚡ 사실은? - 주인님의 책을 읽은 독자 가운데 87퍼센트가 '그냥저냥'이라고 평가했습니다. ⚡ 어쨌든 이고르는 오랫동안 헬리콥터를 만들려고 노력한 끝에 마침내 위쪽에는

커다란 프로펠러를 달고 꼬리에도 작은 프로펠러를 다는 아이디어를 떠올렸어. 위에 달린 커다란 프로펠러는 회전하면서 공기를 아래쪽으로 밀어내 헬리콥터를 띄우는 역할을 해. 꼬리에 달린 작은 프로펠러는 균형을 유지하고 조종사가 원하는 대로 방향을 돌릴 수 있게 해 주지. 오늘날의 헬리콥터도 똑같은 원리로 작동해. 헬리콥터는 비행기가 할 수 없는 많은 일을 할 수 있어. 예를 들면 산에 조난되거나 심각한 사고를 당한 사람들을 구출할 수 있지. 비행기와는 달리 지면과 아주 가까이 날 수 있고, 좁은 공간에도 착륙할 수 있거든. 또 어느 쪽으로든 움직일 수 있고, 그냥 제자리에 떠 있을 수도 있어. 심지어는 거꾸로 뒤집어질 수도 있지. 나는 뒤집어지는 건 사양할게.

참일까 똥일까?

등에 메면 날아오를 수 있는 최초의 제트팩은 1419년에 만들어졌다.

똥 훨씬 더 나중에 만들어졌어. 제트엔진이 들어있는 배낭은 1919년 러시아의 알렉산드르 안드레예프 Alexander Andreev가 처음 구상했어. 하지만 실제로 비행할 수 있는 제트팩은 1961년이 돼서야 만들어졌지. 로켓 벨트라고 불린 이 최초의 제트팩은 소리가 전기톱보다 열 배쯤 요란했고 비행할 수 있는 시간은 겨우 21초였어. 그걸로는 아이언맨이 될 수 없었지. 그 뒤로 기술이 크게 발전했어. 응급구조 요원들은 헬리콥터도 닿지 못하는 깊은 산에서 조난된 사람을 구조하는 데에 제트팩을 쓸 수 있게 될 거야.

비행기의 블랙박스는 밝은 주황색이다.

참 모든 비행기에는 사고에 대비해 비행 과정에서 일어나는 모든 일을 기록하는 블랙박스가 설치되어 있어. 하지만 블랙박스는 이름과 달리 검은색이 아니야. 비행기가 추락했을 때 잔해 속에서도 눈에 잘 띄도록 밝은 주황색으로 칠해져 있지.

영국 해군 함정에서는 휘파람을 불면 재수가 없다고 믿는다.

똥 과거에는 미신을 믿는 선원들이 있어서, 배에서 휘파람을 부는 행동이 폭풍을 불러온다고 생각했어. 그래서 지금도 배에서 휘파람 부는 걸 싫어하는 사람들이 있지. 그런데 선원 중 한 사람은 휘파람을 불어도 돼. 배의 요리사 말이야. 요리사가 식사 준비를 할 때 휘파람을 불면 음식을 몰래 먹고 있지 않다는 뜻으로 여겨지거든.

케이에게 물어봐

헬리콥터를 타고 가다가 갑자기 엔진이 꺼지면 어떻게 될까?

아주 좋은 일은 아니지만 그렇다고 아주 큰일이 나는 것도 아니야. 비행기는 엔진이 고장나면 커다란 글라이더가 되는 셈이니 대개는 조종사가 안전하게 착륙시킬 수 있어. 헬리콥터에는 비행기처럼 활공할 수 있는 날개는 없지만 걱정할 필요 없어. 엔진이 꺼진다고 해서 소행성처럼 땅으로 쿵 떨어지는 건 아니니까. 네가 학교에서 배웠을지도 모르겠지만 단풍나무나 플라타너스 같은 나무의 씨앗은 V자 모양이라 아주 천천히 회전하면서 땅으로 떨어지거든. 이런 씨앗을 헬리콥터 씨앗이라고 불러. 헬리콥터의 엔진이 꺼져도 같은 일이 일어나지. 공기의 힘으로 프로펠러가 단풍나무 씨앗처럼 회전해서 네가 생각하는 것보다 훨씬 느린 속도로 땅으로 내려오는 거야! 그래도 비행이 끝날 때까지는 엔진이 꺼지지 않는 게 훨씬 더 좋긴 하지.

세계에서 가장 비싼 배는?

아무리 큰 부자가 된다고 해도 여름휴가를 호화로운 요트에서 보낼 수 없다면 무슨 재미가 있을까? 러시아의 한 사업가는 바로 이런 생각으로 9000억 원짜리 요트 딜바르호를 샀어. 132명이 잘 수 있을 만큼 침실이 많고 헬리콥터가 이착륙할 수 있는 헬리패드와 커다란 수영장도 있는 요트야. 혹시 너도 사고 싶니? 참고로 이 요트는 연료를 한 번 채울 때마다 9억 원이 드니까 용돈을 충분히 모아야 할 거야.

열기구로 가장 멀리까지 날아간 기록은?

무려 세계 일주 기록이야! 태양열로 날 수 있는 비행기를 발명한 베르트랑 피카르 기억하니? ⚡ **사실은? - 기억하는 독자는 0.0002퍼센트입니다.** ⚡ 어쨌든 1999년 베르트랑은 열기구를 타고 20일 동안 4만 킬로미터를 날아 지구를 한 바퀴 돌았어. 그런데 앞에서도 얘기했듯이 열기구는 방향을 조종할 수 없잖아? 어쩌면 베르트랑은 그냥 맥도날드에 다녀오려고 했는지도 몰라.

안타깝네요. 여기는 편의점밖에 없거든요.

공짜 발명

무언가를 발명했다고 해서 반드시 큰 부자가 되는 건 아니야. 예를 들어 나는 공기를 넣어 부풀리는 제초기를 발명했지만 아직도 전기세를 내기 위해 한심이들이 읽을 책을 써야 하거든. 이런, 미안. '한심이'는 잘못 나온 말이야. 아주 똑똑하고 훌륭한 아이들이 읽을 책을 써야 한다고 말하려 했어. ➤ 사실은? - 거짓말이 탐지 되었습니다. ➤ 억만장자가 될 수도 있었는데 그러지 못한 발명가 몇 명을 소개할게.

인슐린

당뇨병은 몸에서 인슐린을 제대로 만들지 못해서 혈당 조절이 어려워지는 흔한 질병이야. 인슐린은 우리 몸에서 만들어지는 물질로, 우리가 섭취한 영양소가 세포에 공급될 수 있도록 돕는 역할을 해. 몸에서 인슐린을 전혀 만들지 못하면 주사기나 작은 펌프로 우리 몸에 직접 인슐린을 넣어 주어야 하지. 이렇게 인슐린을 넣는 치료 방법은 프레더릭 밴팅Frederick Banting과 찰스 베스트Charles Best라는 두 과학자가 발견했어. 그들은 이 발견으로 전 세계 수백만 명의 목숨을 구할 수 있게 되었지만, 그것을 이용해 부자가 되고 싶진 않았어. 대신 필요한 사람은 누구나 인슐린으로 치료를 받도록 인슐린 특허권을 공짜로 세상에 내주었지. 프레더릭과 찰스, 고맙습니다. 두 분은 밴팅이에요! 뭔가 이상한 데…… 아, 두 분은 베스트예요!

옷핀

월터 헌트Walter Hunt라는 미국인은 칼 가는 기구와 도로 청소 장치, 못 만드는 기계 등 여러 가지를 발명했어. 그 가운데 가장 중요하고 훌륭한 발명품은 1849년에 만든 옷핀이야. 이후 옷핀은 해마다 수십억 개씩 생산되었지. 안타깝게도 월터는 옷핀의 특허권을 겨우 몇십만 원에 팔았기 때문에 옷핀으로 벌어들인 돈은 그게 전부였어. 하지만 월터는 상관하지 않고 새로운 걸 발명하기 시작했어. 그다음 발명품은 밑창에 흡입 컵이 달려서 곡예사들이 벽을 걸을 때 신을 수 있는 신발이었어. 솔직히 이 신발은 그리 많이 팔리지 않았을 거야…….

노래방 기계

나는 세상에서 가장 아름다운 목소리로 노래할 수 있는 사람이야. ⚡ 사실은? - 또 거짓말이 탐지되었습니다. ⚡ 내 친구들은 나와 저녁을 먹고 나면 나의 꾀꼬리 같은 목소리를 듣고 싶어서 노래방에 가자고 조르곤 하지. 사실은? - 주인님의 친구 브루스는 '네 끔찍한 노래를 또 듣느니 내 코를 갈아 버리겠어.'라고 했잖아요. 내가 이렇게 노래를 잘 부를 수 있게 된 건 1971년 노래방 기계를 발명한 이노우에 다이스케Inoue Daisuke라는 일본인 덕분이야. 노래방 기계는 내 노래를 듣는 사람들의 가슴에 즐거움을 안겨 주지만 이노우에 다이스케에게 돈을 안겨 주진 못했어. 그는 자기 발명품에 특허를 내지 않았거든. 오늘날 중국에만도 노래방이 10만 개가 넘게 있는데 말이야.

피젯 스피너

피젯 스피너는 손가락에 끼우거나 손에 쥐고 만지작거리도록 만든 플라스틱 장난감이야. 인슐린만큼 세상에서 중요한 역할을 하지는 않지만 손장난을 하며 스트레스를 풀도록 도와주지. 캐서린 해신저Catherine Hettinger라는 미국의 공학자는 약 30년 전에 이와 아주 비슷한 디자인으로 특허를 냈지만 이후 이 특허를 유지하는 데 들어가는 돈을 내지 않았어. 캐서린, 지금 어디서 무얼 하는지 몰라도 다음 문장은 읽지 않는 게 좋을 거예요……. 피젯 스피너는 지금까지 2억 개가 넘게 판매되었어!

비로

1930년대에 라슬로 비로László Bíró라는 사람은 끝부분에 조그만 공을 넣어 잉크가 번지지 않게 하는 펜을 발명했어. 그리고 자기 이름을 따서 비로라고 불렀지. 이게 바로 우리가 오늘날 사용하는 볼펜이야. 이후 한 회사가 그의 특허권을 약 35억 원에 샀어. 엄청난 돈인 것 같지만…… 사실 그 회사는 라슬로의 볼펜을 1000억 개 넘게 팔았거든! 라슬로가 특허권을 팔지 않았다면 어떻게 됐을까? ⚡ **사실은? - 굉장한 부자가 되었겠죠.** ⚡

주의: 이 계약서는 굉장한 횡재처럼 보이지만 사실은 그렇지 않음.

애덤 케이 천제 주식회사

애덤의 챔피언 초콜릿 데크 체어

햇볕을 쬐며 누워 있다가 간식을 먹고 싶으면 어떻게 할까요? 일어나기가 너무 귀찮지 않나요? 세계 최초의 초콜릿 데크 체어와 함께라면 걱정 없습니다. 팔걸이를 핥아먹으면 되니까요. 일광욕과 간식을 동시에 즐길 수 있답니다!*

말도 안 되는 가격! 9,888,000원!

(화이트초콜릿 등받이 2,000,000원 별도)

*더운 날에는 초콜릿 데크 체어가 녹을 수 있으니

겨울에만 사용하세요.

우주여행
(TRAVEL : SPACE)

영어로 우주를 뜻하는 '스페이스space'에는 '공간'이라는 뜻도 있어. 그 이름에서 알 수 있듯이 우주는 아주 광활한 공간이야. 점점이 떠 있는 행성 몇 개와 별들, 소행성들을 제외하면 대부분 빈 공간이지. 사실 우주의 99.99999999999퍼센트는 텅 비어 있어. 하지만 인간은 동굴에서 잠시 나와 바람을 쐬며 하늘을 올려다본 순간부터 달을 보고 '와!' 하고 탄성을 지르며 우주를 동경해 왔어. 이제는 화성까지 날아가는 계획을 세우고 있지. 동굴에 살던 시절부터 지금까지 우주에 관해 누가 무엇을 발견하고 발명했는지 함께 알아보자.

우주에 관한 아주 아주 전문적인 이야기

우리는 그 이름도 아름다운 은하계에 살고 있어. 그중에서도 우리가 살고 있는 은하계를 우리은하라고 해. 그런데 우주에는 우리은하와 같은 은하계가 1000억 개쯤 있어. 우리은하에는 수천 개의 태양계가 있고 그중 우리 태양계에는 여덟 개의 행성이 커다란 불덩이인 태양 주위를 돌고 있지. 내가 너무 전문적인 얘기를 하고 있니? 그렇다면 말해 줘. 어쨌든 우리는 학교에 가면 이 모든 사실을 금세 배우지만, 과거 수천 년 동안 지구(참고로 이건 우리가 사는 행성의 이름이야.)에 사는 인간들은 이런 사실을 전혀 몰랐어.

하늘에 태양이 떠오르면 낮이 되고 태양이 지면 밤이 온다는 것쯤은 알고 있었지. 눈으로 볼 수 있는 별들의 지도를 그리기도 했고 한 달 간격으로 달의 모양이 바뀐다는 것도 알았지만 그 정도가 전부였어. 먼 과거의 사람들은 지구가 우주의 중심이고 다른 것들(태양과 태양계의 모든 행성들)이 지구의 주위를 돈다고 믿었거든. 아마 그 사람들은 인터넷을 찾아볼 수 없었던 모양이야.

이런 상황을 크게 바꿔 놓은 사람은 니콜라우스 코페르니쿠스Nicolaus Copernicus야. 1543년에 『꼬마 니콜라』라는 책을 쓴 사람이지. ⚡ 사실은? - 니콜라우스 코페르니쿠스가 쓴 책은 『천체의 회전에 관하여』입니다. ⚡ 그래, 그거. 그 책에서 코페르니쿠스는 태양이 지구의 주위를 도는 게 아니라 지구가 태양의 주위를 돈다고 주장했어. 사실 이 이론은 코페르니쿠스가 30년쯤 전부터 생각했지만, 그 당시로서는 너무 충격적인 내용이라서 책으로 내면 체포되거나 처형되지 않을까 걱정했거든. 그 책이 세상에 나온 날 코페르니쿠스는 숨을 거두었어. 누가 창으로 찌른 건 아니고, 우연히도 그냥 쓰러져서 눈을 감았지.

안경에서 망원경으로

하늘을 눈으로만 관찰하면 많은 것을 알 수 없잖아? 기껏해야 보름달이 떴는지 초승달이 떴는지 알 수 있을 뿐이지. 가끔은 별과 불꽃놀이도 볼 수 있을 테고. 그 외에 더 많은 것을 알고 싶다면 망원경telescope이 있어야 해. 망원경을 발명한 사람은 안경을 만들던 한스 리퍼세이Hans Lipperhey라는 네덜란드인이야. 1608년의 어느 날, 한스는 자신의 안경점 앞에서 두 아이가 못 쓰게 된 안경을 갖고 노는 광경을 보았어. 아이들은 렌즈 두 개를 겹쳐 들고 멀리 있는 것을 보고 있었지. 그걸 보고 한스는 어떻게 했을까? 맞아. 아이들을 감옥에 보내 90년 동안 가둬 두게 했지 뭐야.

⚡ **사실은? - 한스는 그 아이들이 렌즈를 가지고 놀던 방법을 사용해 최초의 망원경을 만들었습니다.** ⚡ 최초의 망원경은 우주를 보기에는 적절하지 않았지만 전쟁터에서 적이 어디쯤 숨었는지 보는 데에는 꽤 유용했어. 저 멀리 가게에 초콜릿 바가 남아 있는지도 확인할 수 있었고.

갈릴레오 커질리오

갈릴레오 갈릴레이Galileo Galilei는 아주 훌륭한 발명가였어. 얼마나 훌륭했으면 이름을 두 번이나 써 줬겠니? 갈릴레오는 우주에 관심이 아주 많았어. 한스가 망원경을 만들었다는 소식을 듣고 감탄하면서도…… 조금은 허접하다고 생각했지. 자기가 훨씬 더 멋진 것을 만들 수 있다고 믿었거든. 저 멀리 있는 별을 볼 수 있는데 겨우 옆 골목을 보는 데 만족할 필요는 없잖아? 그래서 그는 서둘러 연구를 시작했고, 결국 한스의 별 볼 일 없는 발명품보다 다섯 배쯤 멀리 볼 수 있는 망원경을 만들었지.

갈릴레오는 이 신나는 장난감으로 흥미로운 사실을 많이 발견했어. 그 시대의 사람들은 달 표면이 매끈한 엉덩이처럼 평평할 거라고 생각했거든. 갈릴레오는 망원경을 사용해 달 표면이 분화구와 산으로 뒤덮여 있다는 사실을 발견했지. 뾰루지가 잔뜩 난 엉덩이처럼 말이야. 그리고 목성의 주위를 도는 작은 위성이 네 개나 있다는 사실도 알아냈어. 이 위성들의 이름은 오이, 가지, 유자, 칼국수야. ⚡ 사실은? - 목성의 위성은 이오Io, 가니메데Ganymede, 유로파Europa, 칼리스토Callisto입니다. ⚡ 목성에는 그보다 더 작은 위성이 91개나 더 있는데 그건 발견하지 못했어. 그래도 네 개 정도면 잘한 거야. '무려' 400년 전이었잖아.

그 시대의 사람들은 우리은하가 하늘에 퍼져 있는 구름이라고 생각했어. 갈릴레오는 망원경으로 더 자세히 관찰해 우리은하가 사실은 수많은 작은 별들로 이루어져 있다는 걸 알아냈지. 그리고 마지막으로…… 금성의 모양이 볼 때마다 조금씩 달라진다는 것을 깨달았어. 손톱처럼 가느다란 은빛이었다가 점점 동그란 원으로 변했거든. 달처럼 말이야. 이런 일이 일어나는 이유는 오직 하나, 지구를 포함한 행성들이 태양 주위를 돌고 있기 때문이었지. 그는 코페르니쿠스가 옳았다는 것을 영원히 증명했어. 만세!

하지만 그렇게 좋아할 일은 아니었어. 그 시대의 교회에서는 오래전부터 지구가 우주의 중심이라고 가르쳤기 때문에 교황이 몹시 화를 냈거든. 솔직히 자기가 틀렸다는 걸 인정하고 싶어 하는 사람이 어디 있니? 나만 빼고 말이야. 나는 누가 나더러 틀렸다고 해도 아무렇지 않거든. ⚡ **사실은? – 제가 이 책의 내용이 틀렸다고 했을 때 화가 나서 프린터를 창밖으로 던져 버린 적이 있잖아요.** ⚡ 가엾은 갈릴레오는 재판을 받게 되었고 훌륭한 금성 그림들을 증거로 보여 줬

는데도 교회는 그가 거짓말을 한다고 주장했어. 그리고 갈릴레오를 평생 집밖에 나오지 못하게 했고 그가 쓴 책들을 읽는 것도 금지했지. 아직 완성하지 않은 책까지 말이야. ⚡ **사실은? - 최근의 조사 결과, 70퍼센트의 사람들이 주인님의 책이 금지되기를 바라고 있습니다.** ⚡

허블 버블

갈릴레오가 집 안에 갇힌 뒤에도 하늘을 향한 사람들의 호기심은 사라지지 않았어. 1750년 독일에서 태어난 캐럴라인 허셜 Caroline Herschel은 가수로 활동하고 있었어. 혹시 우리 프루넬라 고모할머니도 캐럴라인의 콘서트에 가지 않았을까? 안타깝게도 캐럴라인은 노래를 너무 못해서 더 이상 가수로 살 수 없었어. 그런데 그 일을 그만두고는 직업을 완전히 바꿔 천문학자가 되었지 뭐야. 막상 직업을 바꾸고 나니까 망원경 쓰는 일이 노래하는 것보다 훨씬 더 잘 맞았어. 캐럴라인은 오빠 윌리엄 허셜 William Herschel과 함께 가장 재미없는 행성인 천왕성을 발견했고 계속해서 혜성 여덟 개와 성운(우주 먼지로 이뤄진 구름) 열네 개를 발견했어. 영국의 왕인 애덤 9세는 ⚡ **사실은? - 조지 3세입니다. 영국에 애덤이라는 왕은 없었습니다.** ⚡ 캐럴라인의 실력에 감탄해 보조 천문학자로 일하게 해 주었지. 그렇게 해서 캐럴라인은 공식적으로 월급을 받는 최초의 여성 과학자가 되었어.

1946년, 라이먼 스피처 Lyman Spitzer라는 미국 과학자는 지

구와 우주 사이에 있는 대기층 때문에 우주 사진이 흐릿하게 나온다는 사실을 깨달았어. 피핀이 내 스마트폰을 훔쳐 가서 냉장고 사진을 찍었을 때도 이렇게 흐릿한 사진이 나왔거든. 라이먼은 더 선명한 사진을 얻는 아주 간단한 방법을 생각해 냈어. 바로, 우주에 망원경을 설치하는 거였지. ⚡ **사실은? - 간단한 방법이 아닙니다. 허블 우주망원경**Hubble Space Telescope**을 우주에 설치하기까지는 44년이나 걸렸습니다.** ⚡ 혹시 다음번에 숙제를 늦게 냈다고 누가 혼내면 나사NASA는 허블 우주망원경을 설치하는 데 44년이 걸렸다고 말씀드려. (내 변호사 나이절의 당부! 말도 안 되는 변명이라 절대 통하지 않을 거래.) 허블 우주망원경은 보통 망원경과 비슷하게 생겼지만 크기가 버스만큼 크고 가운데에는 킹사이즈 침대만 한 거울이 달려 있어. 1990년에 이 망원경이 마침내 디스커버리

Discovery라는 우주왕복선에 실려 우주로 날아갔지만…… 제대로 작동하지 않았어. 무슨 일인지 지구로 보내오는 사진이 모두 흐릿하고 엉망이었거든. 이런. 알고 보니 거울의 모양이 정확하지 않았던 거야. 엉덩이에 난 털만큼 미세한 오류가 있었는데 이렇게 작은 오류만으로도 모든 사진을 망쳐 버렸지. 다행히 몇 년 뒤에 거울에 맞는 특수 안경을 올려 보내서 오류를 해결했어. 그러자 드디어 제대로 작동하기 시작했지. 휴!

누가 누가 먼저

인간은 우주를 관찰하는 데서 만족하지 못하고 실제로 우주에 가 보고 싶어 했어. 최초로 우주여행을 시도한 사람 중 한 명은 500년쯤 전 중국에 살았던 완후 Wan Hu라는 사람이야. 완후는 구름 위에서 어떤 일이 벌어지는지 몹시 알고 싶었지만 우주선이 발명될 때까지 기다릴 수가 없었어. 그래서 커다란 폭죽을 한 다발 준비해서 그중 47개를 의자에 묶었고…… 펑! 결국 하늘로 올라가 점심때가 조금 지나 달에 도착했어.

 사실은? - 완후는 폭발했습니다.

1950년대 우주 경쟁이 시작되기 전까지 우주로 무언가를 보내는 데 성공한 사람은 없었어. 우주 경쟁은 우주에서 벌어진 달리기 시합 같은 게 아니야. 누가 먼저 우주에 가는지 겨룬 걸 우주 경쟁이라고 하는 거야. 소련(지금의 러시아와 주변 국가들을 합친 옛날 국가인

말풍선: 46개만 쓸걸.

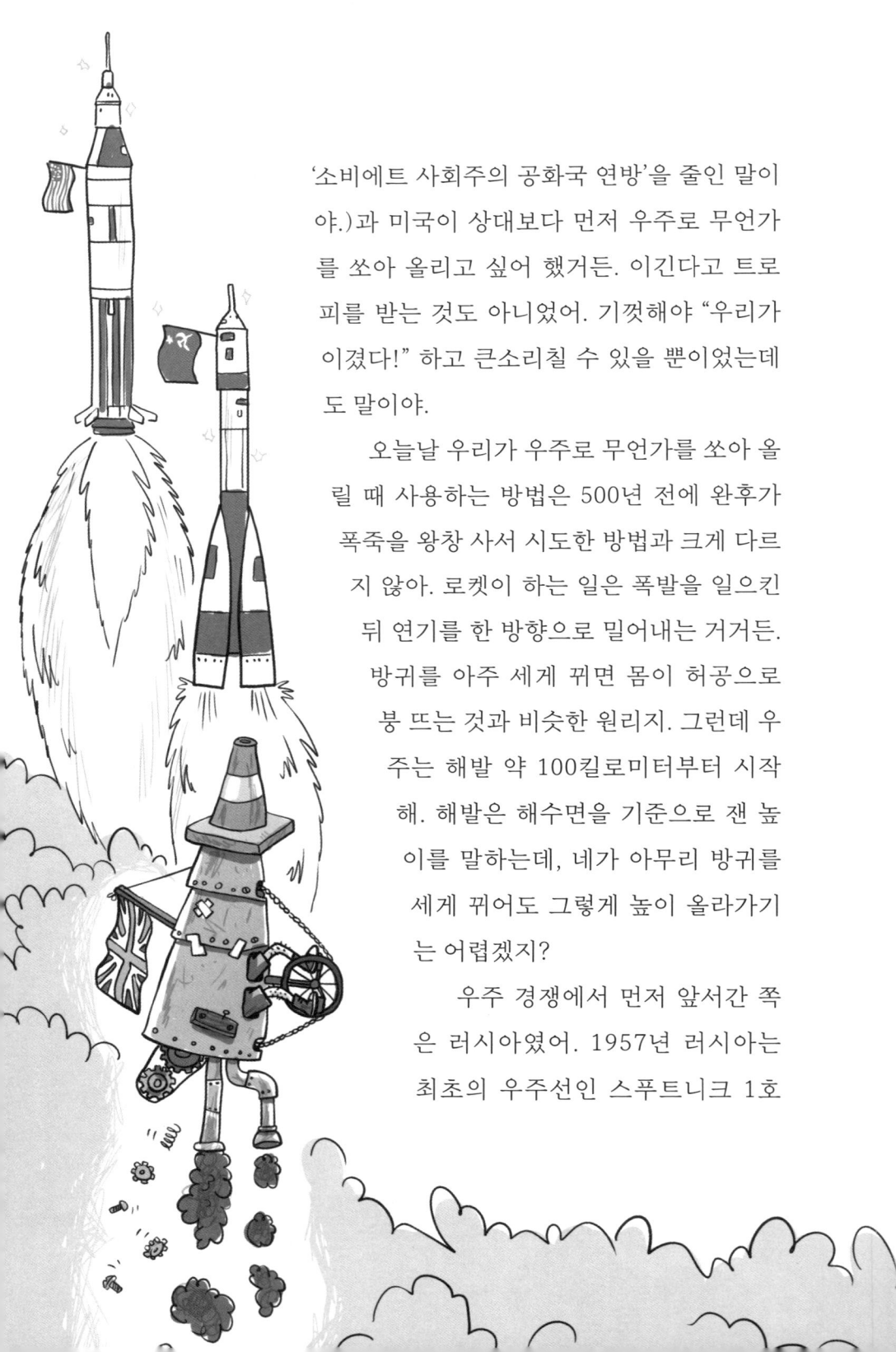

'소비에트 사회주의 공화국 연방'을 줄인 말이야.)과 미국이 상대보다 먼저 우주로 무언가를 쏘아 올리고 싶어 했거든. 이긴다고 트로피를 받는 것도 아니었어. 기껏해야 "우리가 이겼다!" 하고 큰소리칠 수 있을 뿐이었는데도 말이야.

오늘날 우리가 우주로 무언가를 쏘아 올릴 때 사용하는 방법은 500년 전에 완후가 폭죽을 왕창 사서 시도한 방법과 크게 다르지 않아. 로켓이 하는 일은 폭발을 일으킨 뒤 연기를 한 방향으로 밀어내는 거거든. 방귀를 아주 세게 뀌면 몸이 허공으로 붕 뜨는 것과 비슷한 원리지. 그런데 우주는 해발 약 100킬로미터부터 시작해. 해발은 해수면을 기준으로 잰 높이를 말하는데, 네가 아무리 방귀를 세게 뀌어도 그렇게 높이 올라가기는 어렵겠지?

우주 경쟁에서 먼저 앞서간 쪽은 러시아였어. 1957년 러시아는 최초의 우주선인 스푸트니크 1호

Sputnik I와 스푸트니크 2호Sputnik II를 우주로 쏘아 올렸지. 스푸트니크 2호에는 최초의 우주 승객으로 라이카Laika라는 개가 타고 있었어. 잠깐만. 피핀은 잠시 내보내는 게 좋겠다. 모스크바의 유기견이었던 라이카는 지구 궤도까지 올라간 최초의 동물이 되었지만, 안타깝게도 몇 시간 뒤에 숨을 거뒀어. 슬픈 이야기지. 피핀! 이제 들어와도 돼.

경쟁에서 뒤처지자 조급해진 미국은 세계 최초로 인간을 우주에 보내기로 결심했어. 그런데…… 이런. 러시아가 또 이겼지 뭐야? 1961년에 유리 가가린Yuri Gagarin이라는 사람을 우주로 보냈거든. 유리는 약 1시간 45분 동안 지구 궤도를 돌았어. 〈토이 스토리 3〉가 1시간 45분짜리 영화이니까 그걸 보고 내려왔을 거야. ◢ 사실은? - 〈토이 스토리 3〉는 2010년에 개봉했습니다. ◢ 3주 뒤 앨런 셰퍼드Alan Shepard라는 미국 우주비행사가 우주에 다녀왔어. 그리고 이렇게 말했지. "첫 번째는 연습이고 두 번째가 진짜죠." 하지만 당시 미국 대통령이었던 존 F. 케네디John F. Kennedy는 시큰둥했어. 케네디 대통령은 나사에 앞으로 10년 안에 인간을 달에 보내야 한다고 지시했지. 뭐, 어려운 일은 아니잖아.

달나라 여행

솔직히 달에 가는 건 그리 간단한 일이 아니었어. 내비게이션에 '달'을 입력하고 무작정 출발한다고 갈 수 있는 곳은 아니니까. 달에 가려면 많은 것을 설계해야 했어. 예를 들면 세계 최대의 로켓과 달 표면에서 우주비행사들의 사진을 찍고 그 사진을 지구로 전송하는 방법, 지구로 돌아올 때 우주선이 대기권에서 타 버리는 것을 막아 줄 열 차단 장치, 비행사들이 육지에 무사히 착륙하도록 도와줄 거대한 낙하산이 필요했지. ⚡ 사실은? - 육지가 아니라 바다입니다. 지구로 돌아온 달 착륙선은 태평양에 착륙했습니다. ⚡ 게다가 세상에서 가장 복잡한 컴퓨터를 만들고 프로그래밍해야 했어.

이 모든 일을 처리한 사람은 지쳐서 나가떨어졌을 거야. ⚡ 사실은? - 달 착륙 임무에는 40만 명이 참여했습니다. ⚡ 그럼 그렇지. 어쨌든 아폴로 11호Apollo 11 발사 계획에서 가장 중요한 임무를 맡은 사람 중 하나는 마거릿 해밀턴Margaret Hamilton이라는 여성이었어. 마거릿은 우주비행사들을 달에 착륙시키는 모든 프로그램을 설계했거든.

이제 내 로봇 도우미에게 거짓말 탐지기를 켜 보라고 할게. 마거릿 해밀턴에 관한 다음 사항 중에서 새빨간 호랑말을 찾아보렴.

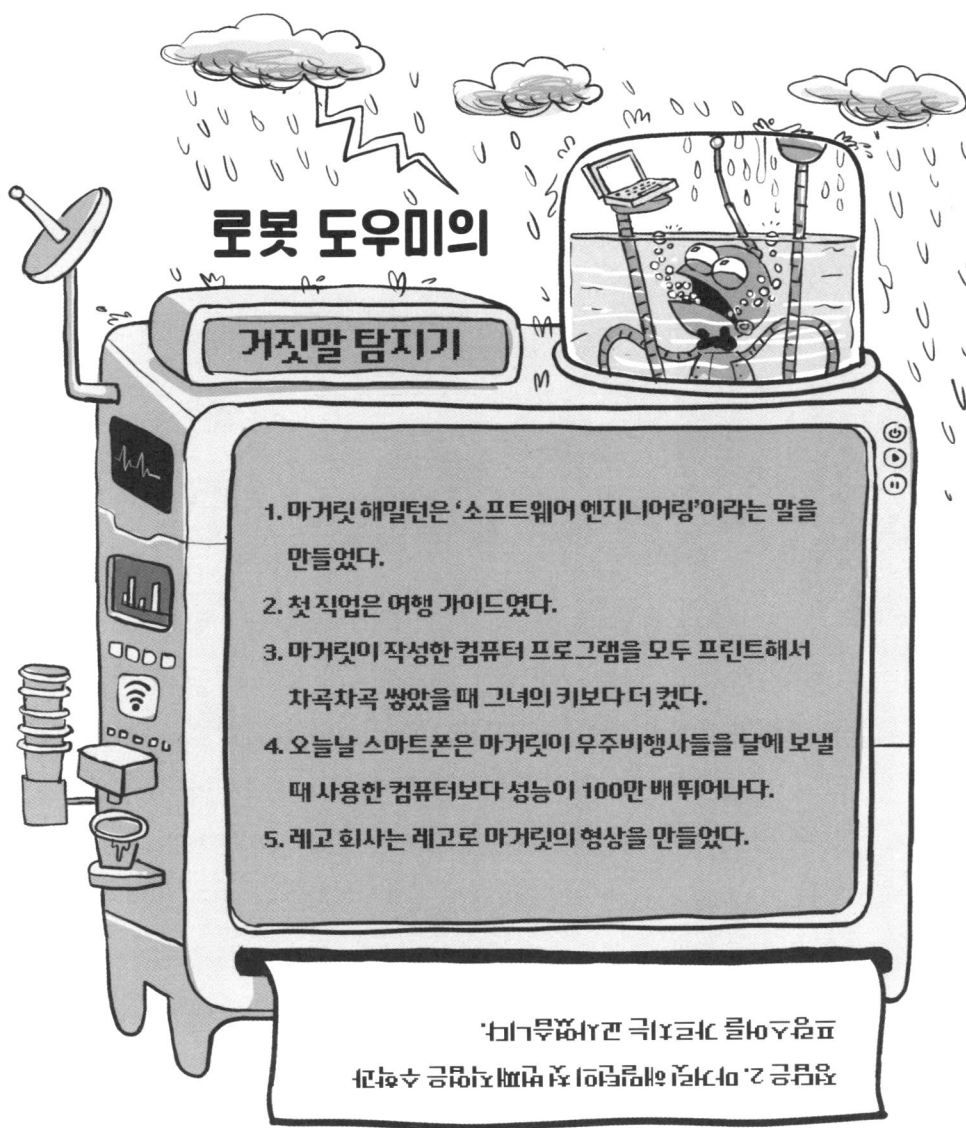

로봇 도우미의 거짓말 탐지기

1. 마거릿 해밀턴은 '소프트웨어 엔지니어링'이라는 말을 만들었다.
2. 첫 직업은 여행 가이드였다.
3. 마거릿이 작성한 컴퓨터 프로그램을 모두 프린트해서 차곡차곡 쌓았을 때 그녀의 키보다 더 컸다.
4. 오늘날 스마트폰은 마거릿이 우주비행사들을 달에 보낼 때 사용한 컴퓨터보다 성능이 100만 배 뛰어나다.
5. 레고 회사는 레고로 마거릿의 형상을 만들었다.

정답은 2. 마거릿 해밀턴의 첫 번째 직업은 수학자 표 교수였습니다. 가르치는 일도 여행이나 마찬가지죠.

수년 동안의 연구와 시도 끝에 1969년 7월 16일 미국의 케이프 케네디(케네디 우주센터가 있는 곳으로 지금은 케이프 커내버럴이라고 불러.)에서 아폴로 11호가 발사되었고, 나흘 뒤 달에 착륙했어. 너무 오래 걸린 것 아니냐고? 38만 킬로미터는 굉장히 먼 거리거든. 우주비행사 닐 암스트롱Neil Armstrong은 6억 5000만 명이 방송으로 지켜보는 가운데 인류 최초로 달 표면을 걸었지. 그때 닐이 한 말이 아주 유명해졌어. "언젠가 애덤 케이라는 훌륭한 작가가 내 이야기를 써 줄 것이다." ➤ 사실은? - 닐은 이렇게 말했습니다. "한 인간에게는

작은 한 걸음이지만 인류에게는 위대한 도약이다."

　　잠시 후 닐의 동료인 버즈 올드린Buzz Aldrin도 달 표면을 밟았지만 세 번째이자 마지막 우주비행사였던 마이클 콜린스Michael Collins는 우주선에 남았어. 혹시 택배가 오면 받아야 하니까 그랬을까?

　　다음 계획은 화성에 인간을 보내는 거야. 나사는 2035년쯤 이 계획이 실행되기를 바라고 있어. 네가 이 책을 아주 천천히 읽고 있다면 벌써 지나갔을지도 몰라.

제대로 입어요

우주에 갈 때는 네가 좋아하는 운동복 바지와 애덤 케이 티셔츠를 입을 수 없어. 반드시 우주복spacesuit을 입어야 하거든. 이상한 일이지만 우주복은 인간이 우주에 가기 훨씬 전에 이미 발명되었어. 변기가 발명되기 전에 방향제가 발명된 것과 비슷하지. 1935년 스페인의 에밀리오 에레라Emilio Herrera라는 사람은 열기구를 타고 20킬로미터 상공까지 올라가고 싶었어. 그는 이전에 시도했던 사람들이 무엇 때문에 실패했는지 알고 있었지. 아주 중요한 무언가가 부족했기 때문이었어. 아주 중요한 그게 뭘까? 당연히 비스킷이지. ⚡ **사실은? - 아닙니다.** ⚡ 음…… 와이파이? ⚡ **사실은? - 다시 해 보세요.** ⚡ 아, 산소구나. 그래서 에밀리오는 고무와 양모, 강철 케이블로 옷을 만든 뒤 이 모든 걸 은빛으로 감쌌어. 나사도 짧은 달 여행을 계획할 때 에밀리오의 옷을 사용했지. **경고: 눈에 오줌이 들어간 이야기를 읽고 싶지 않다면 다음 한 문단은 건너뛸 것.**

에밀리오와 나사가 미처 생각하지 못한 문제가 하나 있었어. 소변이 아주 아주 급할 때 해결책이 없다는 거야. 실제로 앨런 셰퍼드는 4시간 동안 우주복을 입고 있다가 소변이 몹시 급해졌는데, 가장 가까운 공중화장실이 30만 킬로미터나 떨어져 있었어. 그래서 어쩔 수 없이 우주복 안에 소변을 누었지. 우주에는 중력이 없기 때문에 소변은 발 아래로 떨어지지 않고 우주복 안을 마구 돌아다니며 여기저기 퍼졌어. 그때부터 우주비행사들은 우주에 올라갈 때 커다란 기저귀를 착용하게 되었지. 그런데 우주선 안에서는 볼일을 어떻게 보는지, 무중력 상태에서 똥이 욕실 안을 마구 날아다니지는 않는지 궁금하지 않니? (궁금한 거 다 알거든?) 우주선의 변기는 우주비행사의 엉덩이에서 뭔가가 나오면 진공청소기처럼 모조리 빨아들여.

우리가 이 따분한 지구에서 사용하는 유용한 물건 가운데 몇 가지는 인간이 대기권으로 날아오르지 않았더라면 지금도 어디선가 그저 '대기'하고 있었을 거야. ⚡**사실은? - 저의 유머 평가 기능에 따르면 이 유머는 100점 만점에 4점입니다.** ⚡ 어떤 것들이 있는지 함께 알아보자.

메모리폼

메모리폼 매트리스는 주인의 엉덩이 모양을 정확하게 기억하기 때문에 다시 그 위에 누울 때마다 몸에 꼭 맞춘 듯 아늑한 기분이 들지. 원래 메모리폼은 우주비행사들을 위한 방석으로 사용하려고 만들어졌어. 목성에 착륙할 때 받을 충격을 흡수해 반으로 줄여 주기 위해서였지.

➤ **사실은? - 목성이 아니라 달입니다. 목성은 기체로 이뤄진 행성이기 때문에 구름 위에 착륙하는 것과 비슷할 겁니다.** ➤

투명 교정기

나사는 안테나를 덮어서 보호하기 위해 투과성 복합 결정 알루미나Translucent Polycrystalline Alumina, TPA라는 투명하고 아주 질긴 소재를 개발했어. 지구의 치과 의사들은 금속 대신 눈에 잘 보이지 않는 치아 교정기 재료를 찾아다니다가 나사에 있는 친구에게 전화해서 투과성 복합 어쩌고를 빌려 온 거지.

GPS

GPS는 '고릴라 포케 샐러드Gorilla Poke Salade'의 줄임말이야.

➤ **사실은? - GPS는 위성 항법 시스템Global Positioning System의 줄임말입니다.** ➤ GPS는 위성을 사용해 지구에서의 정확한 위치뿐 아니라

정확한 시간까지 알려 주는 시스템이야. 10억분의 1초 단위까지 알려 주지. 우리가 엉뚱한 곳으로 새지 않고 A지점에서 B지점으로 정확하게 갈 수 있는 건 위성 항법에 사용하는 위성들 덕분이야. 위성은 지구의 지도를 만들 수 있도록 사진을 찍어 주기도 하고 날씨가 어떤지 알려 주기도 해. 전화를 걸 수 있게 도와주기도 하지. 그러니까 하늘을 보고 위성에게 고맙다고 인사해. 그런데 혼자 있을 때 하는 게 좋을 거야. 좀 이상한 사람처럼 보일 수도 있거든.

휴대폰 카메라

과거에는 물구나무서는 하이에나나 폭죽 공장이 폭발하는 광경, 혹은 나처럼 엄청난 유명인을  사실은? - 영국에서 주인님을 아는 사람은 42만 3850명 중의 한 명꼴입니다. 본 뒤 사람들에게 얘기해도 믿지 않았어. 그런데 이제는 휴대폰으로 사진이나 동영상을 찍어 증거를 보여 줄 수 있게 되었지. 이 모든 게 나사 덕분이야. 나사는 우주비행사들이 달에서 셀카를 찍게 하려고 이 기술을 개발했거든.

스크래치 방지 렌즈

혹시 네가 안경을 쓰는 멋쟁이지만 여기저기 부딪치거나 넘어지는 한심이이기도 하다면 스크래치 방지 렌즈를 발명한 나사에게 고마워해야 해. 우주비행사들이 우주를 유영할 때, 우주 먼지가 헬멧에 부딪치면 스크래치, 즉 흠이 나서 앞이 잘 안 보일 수도 있어. 나사는 그런 위험을 방지하기 위해 스크래치 방지 코팅을 만들었어. 그런데 지구의 안경사들도 이 멋진 우주 안경을 탐내기 시작했지. 그래서 짜잔! 모든 안경에 스크래치 방지 렌즈를 끼우기 시작했어.

소형 진공청소기

다음에 네가 손에 간편하게 드는 소형 진공청소기로 청소를 하게 된다면, 달 표면에서 암석과 흙, 외계인 똥과 같은 표본을 모으고 있다고 상상해 봐. 최초의 소형 진공청소기는 그런 용도로 개발됐거든! ➤ **사실은? - 우주비행사들은 외계인 똥은 모으지 않습니다.** ⚡ 아닌 척하는 거 아닐까?

참일까 똥일까?

인간은 18개월에 한 번꼴로 달에 착륙한다.

똥 당연히 아니지. 달에서 휴가를 보내는 자아그의 문어 인간들이라면 모를까. 마지막으로 인간이 달 표면을 걸은 건 50년도 더 된 일이거든. 우주 경쟁이 끝나고 미국과 러시아가 협력하기 시작했으니 딱히 누군가가 달에 갈 이유도 없었어. 우주에서는 스마트폰도 안 터지니까.

원숭이와 금붕어, 오징어를 우주에 보낸 적이 있다.

참 금붕어가 나보다 훨씬 더 신나는 휴가를 즐겼다니 질투가 나네. 채소들도 마찬가지로 우주에 간 적이 있어. 현재 나사는 국제우주정거장에서 상추와 양배추, 케일을 키우고 있거든. 식물이 우주에서 살 수 있는지 연구하고 아울러 우주비행사들이 채소를 먹을 수 있게 하기 위해서지.

우주에 빵을 가져가면 안 된다.

참 혹시 달이 밀가루 알레르기라도 있는 걸까? 그건 아니야. 우주에서 빵을 먹으면 부스러기가 사방으로 떠다닐 텐데 말끔하게 청소할 수가 없거든. 기계에 들어가면 고장이 날 수도 있고 말이야. 소금과 후추, 색색의 사탕 가루가 뿌려진 생일 케이크를 가져갈 수 없는 것도 똑같은 이유야. 혹시 우주비행사가 되려고 했는데 이 얘기를 듣고 마음이 바뀌었다면 미안.

케이에게 물어봐

우주 쓰레기는 뭘까?

닐 암스트롱과 버즈 올드린은 프링글스를 엄청나게 좋아했어. 그래서 우주에도 프링글스를 엄청 챙겨 갔지. 다 먹고는 우주에 (버즈가 좋아하는) 오리지널 프링글스와 (닐이 좋아하는) 매운맛 프링글스 통을 잔뜩 버리고 왔지 뭐야? ⚡ 사실은? - 처음부터 다시 해야겠네요. ⚡ 알았어. 모두 알다시피 우주에는 공기도 대기도 아무것도 없잖아? 그래서 한 번 올라간 건 영원히 그곳을 떠다니게 돼. 더 이상 작동하지 않는 위성들, 우주선에서 떨어져 나온 파편, 오래된 로켓 고철 따위가 우주 쓰레기가 되는 거지. 우주비행사들의 오줌과 똥, 토사물도 얼어붙어 있을 거야. 현재 우주 쓰레기는 2만 개가 넘어. 그러니까 우주에 갈 때는 꼭 헬멧을 쓰도록. (어차피 숨을 쉬려면 써야 할 테지만.)

우주에서는 어떤 소리가 날까?

1932년 카를 잰스키Karl Jansky라는 남자는 무전기 안테나에 잡히는 전파를 들을 때마다 배경에서 쉭쉭거리는 소음이 나는 이유가 뭘까 궁리하기 시작했어. 주위를 아무리 살펴봐도 풍선에서 바람이 빠지거나 자전거 바퀴가 새지는 않았거든. 그렇다고 침대 밑에 뱀이 수백 마리 있는 것도 아니었지. 결국 카를은 그 소리가 우주에서 오는 소리라는 사실을 깨달았어. 나도 녹음된

소리를 들어 봤는데 꼭 우주가 아주 조용하고 긴 방귀를 뀌는 것 같은 소리가 나더라.

달은 어떤 냄새가 날까?

달이 치즈와 비슷하다고 해서 치즈 냄새가 나는 건 아니야. 그러니까 달은 치즈가 아닌 게 분명해. 달 표면을 걸을 때는 헬멧을 꼭 써야 하니까 냄새를 맡을 수가 없어. 그런데 진 서넌Gene Cernan이라는 우주비행사가 하루 종일 달 표면을 걸은 뒤 달 탐사선으로 돌아와 자신의 부츠 냄새를 맡아 보았어. 그랬더니 화약 냄새가 났지 뭐야. 불꽃놀이를 할 때 화약 냄새를 맡아 본 적이 있니? 달에서 왜 화약 냄새가 나는지는 나도 모르겠어. 혹시 완후가 폭죽 의자를 타고 달까지 날아가는 데 성공한 게 아닐까?

재밌는 발명

너희 집에 있는 장난감이 어디서 왔는지 아니? 부모님이 사 주셨다고? 아니, 그런 얘기가 아니야. 장난감 가게? 인터넷 쇼핑몰? 그런 얘기도 아니야. 누가 발명했는지 아느냐는 뜻이야. 모르겠다고? 걱정하지 마. 내가 너를 위해 이 특별 선물 코너를 마련했잖아! ⚡ 사실은? - 이 코너를 특별 선물이라고 생각하는 독자는 2.3퍼센트뿐입니다. 80퍼센트 이상의 독자가 '지루하다'거나 '짜증난다'고 생각합니다. ⚡

공

아이들은 수천 년 전부터 공을 갖고 놀았지만 그사이에 많은 변화가 있었어. 아이들이 아니라 공에 변화가 있었다고. 아이들은 예전이나 지금이나 똑같이 코를 파고 방귀를 뀌잖아. 고대 그리스에서는 돼지 오줌보로 공놀이를 했어. 설마, 오줌은 미리 뺐겠지? 아니라면 헤딩할 때 찝찝했을 것 같은데. 500년 전 영국의 헨리 8세 시대에는 조금 나아졌어. 영국의 국회의사당을 지은 사람들이 헨리 8세가 갖고 놀던 공을 발견했는데 그 안에는 진흙과 인간의 머리카락이 들어 있었대.

지그소 퍼즐

최초의 지그소 퍼즐은 1762년 존 스필스버리John Spilsbury라는 지도 제작자가 아이들에게 지리를 가르치기 위해 만들었어. 존은 지도 한 장을 나무판에 붙인 뒤 조각조각 잘라 해부된 퍼즐dissected puzzle이라고 불렀지. 그러다 이 퍼즐을 만들 때 실톱을 사용하면서부터 실톱이라는 뜻의 '지그소jigsaw'를 붙여 지그소 퍼즐로 이름을 바꿨어. 이제는 세계 어디서든 할아버지가 크리스마스 선물로 1000피스 지그소 퍼즐을 주면 아이들은 닌텐도가 아니라서 실망하지만.

찬물 끼얹기
6/10
조금 징그럽잖아.

찬물 끼얹기
2/10
장난감에 톱이라는 이름을 붙이다니.

레고

올레 키르크 크리스티얀센Ole Kirk Christiansen은 덴마크의 목수였어. 평소에 다림판이나 사다리를 주로 만들던 그는 1946년 어느 날 작은 플라스틱 블록을 서로 끼울 수 있게 만들어 보기로 했어. 그가 만든 다양한 색깔의 사랑스러운 이 블록들은 지금까지도 맨발로 다니는 어른들을 괴롭히고 있지. 어른들은 늘 실수로 레고 블록을 밟아 고통스러운 비명을 지르잖아. 올레는 덴마크어로 '잘 놀다'라는 뜻의 'leg godt'를 줄여 '레고Lego'라는 이름을 붙였어. 현재 지구상에는 4000억 개가 넘는 레고 블록이 있고 그중 3900억 개는 카펫 위에 어질러져 있지. 어른들이 상자에 넣으라고 아무리 말해도 아이들이 듣지 않으니까.

폭죽

2000년 전 중국에는 온갖 종류의 화학물질을 섞어 영원히 살 수 있는 비법을 찾으려는 사람들이 있었어. 그들은 끝내 그런 비법을 찾지 못했지만(결말을 너무 빨리 공개해서 미안!) 우연히 화약을 발명했어. 화약은 워낙 위험해서 영원한 삶은커녕 잘못하면 당장 죽을 수도 있었지. 대신 그들은 화약을 대나무 관에 넣어 폭죽을 발명한 거야. 맨 처음 만들어진 폭죽은 주황빛만 낼 수 있었어. 그러다가 1800년대쯤 화약에 여러 가지 금속을 섞으면 폭죽이 터질 때 더욱 신나는 광경을 볼 수 있다는 사실을 알게 됐어! 금빛 불꽃을 보고 싶니? 철을 넣으면 돼. 커다란 폭발음을 듣고 싶다고? 그럼 알루미늄을 넣어야지. 초록빛을 보고 싶어? 바륨을 넣으렴. 붉은빛을 원한다고? 스트론튬 가게로 달려가도록.

슈퍼 소커 물총

사람들은 150년 전부터 물총을 갖고 놀았어. 최초의 물총은 금속으로 만들었고 고무공이 달려 있어서 공을 누르면 물을 발사했지. 하지만 굳이 물총을 쏠 필요가 있을까? 누군가를 젖게 하고 싶으면 그 사람에게 재채기를 하면 되잖아. (내 변호사 나이절의 당부! 사람에게 재채기를 하는 건 예의 없고 비위생적인 행동이니까 절대로 해선 안 된대.) 그러다 로니 존슨 Lonnie Johnson이라는 사람이 나타났어. 로니는 나사에서 일하던 흑인 공학자로 목성에 위성을 보내기도 했어. 어느 날 실험을 하고 있을 때 우연히 노즐에서 강력한 물줄기가 사방으로 발사되는 것을 본 로니는 굉장한 물총을 만들

이건 이 지구에 사는 누구든 좋아하겠는걸!

수 있겠다고 생각했지. 그는 펌프를 넣어 높은 압력으로 물을 발사할 수 있는 물총을 발명했어. 이 물총은 버스 맨 앞자리에서 쏘면 맨 뒷자리에 있는 사람을 맞힐 수 있을 정도로 긴 물줄기를 발사할 수 있었지. 로니는 처음에 파워 드렌처Power Drencher라는 이름을 붙였다가 슈퍼 소커Super Soaker로 바꿨어.

> 찬물 끼얹기
> 5/10
> 샤워기 부품 이름처럼 딱딱하잖아.

> 찬물 끼얹기
> 8/10
> 흠뻑 젖게 하는 기계라는 뜻의 짧고 강렬한 이름이지.

애덤 케이 천재 주식회사

애덤의 자랑스런 자동 리필 컵

애덤의 자랑스런 자동 리필 컵과 함께라면 여러분의 잔이 비는 일은 없을 겁니다. 어디서도 볼 수 없는 이 놀라운 장치는 특허 기술을 사용해 음료를 자동으로 채워 줍니다.*

말도 안 되는 가격! 19,980,000원

(자몽&고추 맛과 팝콘&감자 맛)

*음료가 끊임없이 채워지며 중간에 멈출 수 없어서 홍수가 날 수도 있으니 유의하세요.

3부 기술
(TECHNOLOGY)

마우스와 마리오와 마이크로칩

수만 년 전 동굴에 살았던 우리 조상들은 먼 미래에 지금과 같은 방식으로 소통하게 될 줄은 꿈에도 몰랐을 거야. 예를 들어 나는 어제 내 친구 브루스에게 주말에 시간이 있는지 물어보려고 호주머니에서 이 작은 휴대폰을 꺼내 메시지를 보냈어. 그랬더니 10초 뒤에 브루스에게 답장이 왔어. 시골에 계신 할머니를 찾아뵈어야 한다고 말이야. ⚡ **사실은? - 거짓말이었습니다.** ⚡ 그렇군. 어쨌든 벽에 그림을 그리며 소통하던 우리가 어떻게 오늘날 카카오톡 메시지와 인스타그램 DM으로 소통하게 되었는지 함께 살펴보자.

여기서 쓰는 말 거기서 쓰던 말

먼 옛날 동굴 시대에 사용한 최초의 문자는 글자보다는 그림에 가까웠어. "나는 오늘 나가서 젖소 한 마리를 잡아서 구워 먹고 영화를 볼 거야."라는 메시지를 전하고 싶으면 창과 젖소, 불, 보고 싶은 영화의 주인공 얼굴을 그려 놓았지. ⚡ **사실은? - 제 이미지 기능으로 이 책을 표현하면 다음과 같습니다.** 📖 😷 🗑 ⚡ 역사학자들은 '제대로 된' 글을 처음 쓴 게 누구인가 하는 문제를 놓고 여전히 싸우고 있어. 역사학자들은 원래 이런저런 문제로 싸우기를 좋아하거든. 그래도 대부분의 학자들은 약 5000년 전 지금의 이라크 지역에 살았던 수메르Sumer 사람들이 처음 글을 썼다고 생각해. 그 시대에는 아직 종이가 발명되지 않았지만 청동기 시대였으니 어디에 글을 썼는지 짐작할 수 있겠지? 맞아, 바로 점토판이야. 수메르 사람들의 문자는 오늘날 우리가 쓰는 문자와 완전히 달랐어. 조그만 직선이 굉장히 많고 왼쪽에서 오른쪽이 아니라 위에서 아래로 써 내려갔거든. 고고학자(유물이나 유적을 보고 옛날 사람들의 생활이나 문화를 연구하는 사람들이야.)들은 수메르인이 쓴 가장 오래된 글을 발견했을 때 몹시 흥분했어. 그렇게 오래된 글에는 얼마나 놀라운 내용이 담겨 있을까 무척 궁금했지. 그런데 언어 전문가들이 해독해 보니 한 남자가 어느 상점에서 구리를 산 뒤 그 가게에 항의하는 내용이었지 뭐야?

영어를 언제 처음 사용하기 시작했는지는 정확히 말하기가 어려워. 언어는 끊임없이 변화하거든. 예를 들어 나는 이번 주에만 멋진 단어 두 개를 새로 만들어 언어 발전에 기여했지. 스카프 달린 스웨터를 뜻하는 '스웨프'와 감자를 너무 많이 먹었을 때 나타나는 변비를 뜻하는 '감비'라는 단어야. 450년경, 지금의 독일과 덴마크 지역에 살던 앵글족, 색슨족, 주트족이라는 세 부족이 영국을 침략했고 이 세 부족의 언어가 섞여 고대 영어가 되었어. 영어를 뜻하는 '잉글리시'는 앵글족의 '앵글'에서 왔고 '색소폰'은 색슨족의 '색슨', '주스'는 주트족의 '주트'에서 왔어. ➤ **사실은? - 색소폰은 그것을 발명한 아돌프 삭스**Adolphe Sax**의 이름을 딴 것이고 '주스'는 '수프'를 뜻하는 라틴어 '유스**jus**'에서 왔습니다.** ➤

고대 영어는 오늘날 우리가 쓰는 영어와 많이 달라. 지금과는 모양이 조금 다른 알파벳을 쓰기도 하지. 한글도 마찬가지야. 세종대왕이 만들었을 당시에는 훈민정음이라고 불렀어. 한글로 쓰인 최초의 소설이라는 홍길동전의 첫 문장을 보여 줄게. '됴션국 셰됴ᇰ대왕 즉위 십오 연의 홍희문 밧긔 ᄒᆞᆫ 저상이 잇스되 셩은 홍이요 명은 문이니…' ➤ **사실은? - 현대어로 쓰면 다음과 같습니다. 조선국 세종대왕 즉위 십오 년의 홍희문 밖에 한 재상이 있으되 성은 홍이요 이름은 문이니…** ➤

종이가 펼쳐지기까지

2000년쯤 전 중국의 황제에게 조언을 해 주는 사람, 즉 '고문' 가운데 채륜이라는 사람이 있었어. 고문의 역할을 하려면 글을 많이 써야 했는데 채륜은 주로 대나무 조각에 글을 썼지. 그런데 대나무 조각은 글을 적기에 불편하고 무거울 뿐 아니라 보관하려면 커다란 창고가 필요했어. 채륜은 결국…… 종이를 발명하기로 마음먹었지.

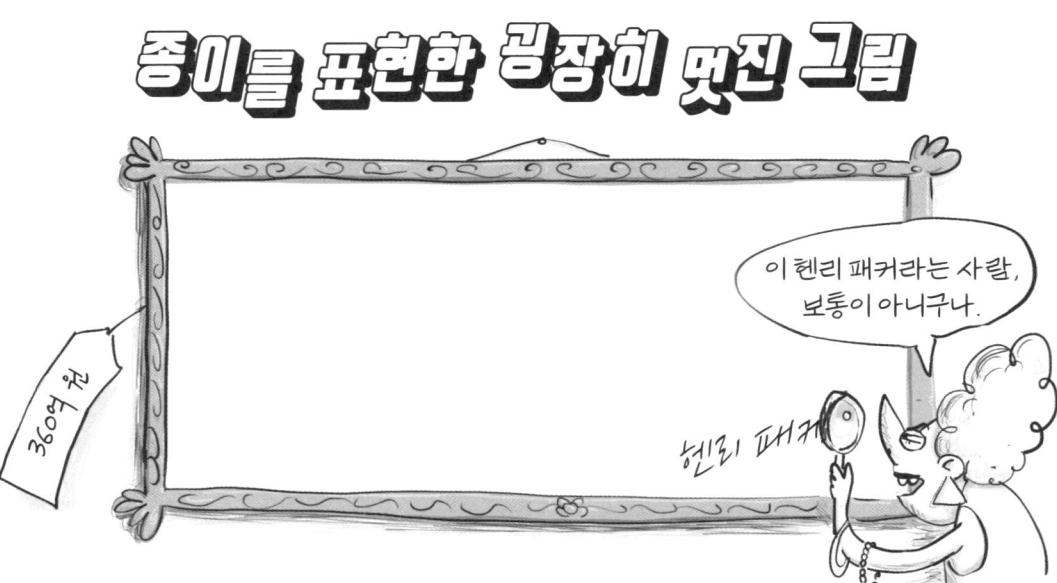

채륜은 목재와 나무껍질, 오래된 헝겊 조각, 물고기를 잡는 그물망 따위를 물이 담긴 커다란 통에 넣고 섞어서 짓이긴 뒤 평

평하게 펼쳐 햇볕에 말렸어. 이틀이 지나자 커다란 종이가 생겼지. 채륜은 커다란 종이를 잘라 그 위에 글을 썼어. 좀 귀찮을 것 같지 않니? 나는 종이가 필요하면 그냥 문구점에 가거든.

인상적인 인쇄기

나는 내 책이 만들어지는 과정을 보기 위해 인쇄소에 간 적이 있어. 정말 믿기 어려울 정도로 놀라운 광경이 펼쳐지더라. 드럼통보다도 커다란 종이 두루마리가 집채만 한 기계에 삼켜진 뒤 글자가 찍히고 접히고 잘리고 합쳐져서 반대편으로 책이 휙 나오는 거야. 내가 갔던 인쇄소는 하루에 책을 100만 권 이상 찍는 곳이었어!

하지만 2000년 전으로 시간을 돌려 보면 책 한 권을 만들기 위해서는 원본을 놓고 처음부터 끝까지 손으로 베껴 써야만 했어. 이런 일은 주로 수달이 맡았지. 수많은 수달이 수도원에 있는 '기록실'이라는 방에 앉아서 ⚡ **사실은? - 수달이 아니라 수도사입니다.** ⚡ 그렇구나. 수달이 책을 베껴 쓴다는 게 어쩐지 좀 이상하더라고. 수많은 수도사가 '기록실'이라는 방에 앉아서 글자를 하나하나 정성스럽게 베껴 썼어. 문장의 첫 글자를 화려하게 꾸미기도 했지. 내 책에도 그렇게 해 봐야겠다.

여긴 자리가 없으니 다음 장에서 해 볼게.

로 해 봤는데, 어때? 흠, 별로네. 책을 손으로 베껴 써서 만드는 데에는 두 가지 큰 문제가 있었어. 첫째, 시간이 엄청나게 걸렸지. 만약 네가 이 책을 베껴 쓴다면 꼬박 나흘이 넘게 걸릴걸? 자거나 먹거나 화장실에 가지도 않고 썼을 때 말이야. 게다가 비용이 아주 많이 들었기 때문에 아주 부유한 사람들만 책을 가질 수 있었어. 그 때문에 안타깝게도 글을 배울 수 있는 사람이 많지 않았지.

이런 상황을 크게 바꿔 놓은 것이 바로 인쇄기야. 혹시 감자에 무늬를 새겨서 찍어 본 적이 있니? 감자를 반으로 잘라서 평평한 부분에 엉덩이 모양을 정성스럽게 새긴 뒤(꼭 엉덩이를 새길 필요는 없지만 엉덩이가 재미있으니까.) 잉크에 담갔다가 종이에 찍는 거지……. 나는 피핀을 새겨 봐야겠다.

인쇄기도 똑같은 원리야. 하지만 감자는 책을 만들기에는 너무 작아서 대신 나무판을 사용했어. 이 방법은 870년에 중국에서 처음 사용되었고 1300년에 왕진 Wang Zhen이라는 사람이 각각의 글자가 새겨진 조각들을 이리저리 옮겨 가며 다시 사용할

수 있는 활판이라는 방법을 발명하면서 더욱 발전했어. 왕진은 자신의 발명품으로 직접 쓴 책을 인쇄했어. 주인공은 어린 고아 소년이었는데, 어느 날 자기가 마법사라는 것을 깨닫고 마법 학교에 가서 론과 헤르미온느라는 친구를 만나서…… ⚡ 사실은? - 그건 『해리 포터』의 내용이잖아요. 『해리 포터』는 700여 년 뒤에 쓰였습니다. 왕진이 쓴 책은 새로운 농사 방법에 관한 내용이었습니다. ⚡

그 시대에는 비행기와 이메일 같은 게 없어서 사람들은 멀리 떨어진 세계에서 무슨 일이 벌어지는지 전혀 몰랐어. 그래서 유럽 사람들은 중국에서 인쇄기가 발명되었다는 소식도 못 들었지. 100년 넘게 지난 1440년, 독일의 요하네스 구텐베르크 **Johannes Gutenberg**라는 사람이 인쇄기를 발명하고는 자기가 천재라고 생각했어. 요하네스는 포도를 으깨 포도주를 만드는 기계로 인쇄기를 만들었지. 기계를 닦고 만든 거였으면 좋겠다. 어

쨌든 요하네스가 만든 인쇄기는 나무가 아니라 금속으로 된 활판을 사용했지만 기본 원리는 왕진의 인쇄기와 똑같았어. 사실은 나도 빵 사이에 잼을 넣은 맛있는 간식을 새로 발명했는데, 알고 보니 누군가가 이미 발명한 샌드위치와 똑같지 뭐야?

요하네스가 인쇄한 책 가운데 가장 유명한 건 구텐베르크 성경Gutenberg Bible이야. 그중 몇 권이 아직도 남아 있는데, 혹시 너희 집 책장에 있는지 한번 볼래? 기다릴게.

있니? 없다고? 아쉽다. 지금 구텐베르크 성경 한 권의 값어치는 300억 원이 넘거든. 만약 너희 집에 있었다면 분명히 알았을 거야. 그 책은 엄청나게 크고 무거우니까. 커다란 허스키 한 마

리 또는 전자레인지 한 대, 또는 콜라 70캔과 맞먹는 무게지. 예전에 어떤 남자가 미국 하버드대학교에 있는 구텐베르크 성경을 훔치려다가 너무 무거워서 다리와 머리를 다치고 실패했다니까.

타닥타닥 타자기

발명가라고 해서 모두가 세상을 바꾸거나 일확천금을 ➤ 사실은? - '일확천금'입니다. 힘들이지 않고 단번에 얻은 많은 재물을 뜻하는 말입니다. ➤ 벌겠다는 생각으로 발명을 하는 건 아니야. 그저 자신이나 가까운 친구에게 필요한 물건을 만들려다가 대단한 발명을 하게 되는 경우도 많거든. 1802년, 펠레그리노 투리Pellegrino Turri가 그랬지. 그에게는 카롤리나 판토니 다 피비자노 백작 부인Countess Carolina Fantoni da Fivizzano이라는 복잡한 이름을 가진 친구가 있었는데, 이 복잡한 이름을 가진 백작 부인이 어느 날 시력을 잃는 바람에 글을 쓰기가 어려워졌어. 펠레그리노 투리는 친구를 도와주고 싶었지. 그래서 작업실로 가서 세계 최초의 타자기를 만들었어. 타자기는 종이에 글자를 찍어 글을 쓸 수 있게 해 주는 기계야. 발명가 친구가 있는 건 참 좋은 일이지? 그래서 내가 인기가 많은 거야. ➤ 사실은? - 주인님의 친구 브루스는 주인님을 만나지 않으려고 핑계를 댔잖아요. ➤

사람들이 시중에서 살 수 있는 타자기는 총을 만들던 레밍턴Remington이라는 회사가 1973년에 처음 만들었어. 시를 즐겨 쓰는 살인마들에게는 아주 유용한 회사겠지. 레밍턴사는 타자기 자판에서 몇 가지를 개선했는데, 오늘날 컴퓨터 자판에도 사용되고 있어. 예를 들어 레밍턴사는 시프트shift 키를 추가했어. '시프트'는 '옮기다'라는 뜻이야. 시프트를 누르면 키보드가 오른쪽으로 옮겨 간다니까. 그리고 영어의 소문자를 대문자로 바꿔 주기도 해. 오늘날 영어 키보드의 배열 방식은 맨 윗줄 첫 여섯 글자를 따서 '쿼티QWERTY'라고 불러. 프랑스어(봉주르!) 키보드의 맨 윗줄 첫 여섯 글자를 따면 'AZERTY'야. 독일어(구텐 타그!) 키보드는 'QWERTZ', 우크라이나어(프레비트!) 키보드는 'ЙЦУКЕН'야. 자아그(🐙🐙) 키보드는 🐙🐙🐙🐙🐙🐙지. 한 가지 흥미로운 사실은 영어로 '타자기'를 뜻하는 '타이프라이터typewriter'가 쿼티 키보드의 맨 윗줄 자판만으로 칠 수 있는 가장 긴 단어라는 거야. ⚡ 사실은? - 그건 아닙니다. 더 긴 단어로 식물의 한 종류인 '럽처워트'rupturewort도 있습니다. ⚡

모스의 모든 것

전화가 발명되기 전에는 먼 곳으로 소식을 전하기가 어려웠어. 연기를 피워 신호를 보내기도 했지만 안개가 끼면 낭패였지. 비둘기 다리에 편지를 묶어서 날려 보내기도 했지만 비둘기는 가끔 길을 잃거나 독수리에게 잡아먹히기도 했거든. 북을 치는 방법도 있었지만 천둥이 치거나 근처에서 BTS가 콘서트라도 열면 북소리가 묻히기 일쑤였지.

　새뮤얼 모스Samuel Morse는 콧수염 노인들의 따분한 초상화를 그려 주는 따분한 화가로 일하고 있었어. 그러다가 1837년 먼 곳으로 소식을 보내는 기발한 방법을 생각해 냈지. 왜 그랬는지는 나도 몰라. 다른 도시에 사는 사람에게 콧수염 노인의 따분한 초상화를 완성했다고 알려 주려고 했나? 어쨌든 새뮤얼의 방법은 아주 간단했어. 모든 알파벳 문자에 점(삐!)과 선(삐이이이!)으로 부호를 만든 거지. 전하고 싶은 메시지가 있을 때 이 부호에 따라 버튼을 누르면 전선을 통해 신호가 전달되었어. 점은 짧은 신호로, 선은 긴 신호로 전달하면 이 전기 신호가 전선의 반대편에 가서 삑삑거리는 소리로 바뀌었지. 그림으로 표현해 볼게. 혹시 따분할까 봐 걸신들린 울버린 그림도 함께 준비했어. 오른쪽을 보렴.

　모스는 F처럼 자주 쓰지 않는 문자는 좀 더 긴 부호로 표현하고 A처럼 자주 쓰는 문자는 짧은 부호로 표현했어. 그래서 F는 ··−·이고, A는 ·−야. R은 ·−·, T는 −이지.

　위의 네 글자가 모두 들어가는 단어는 뭐가 있을까? 뗏목을 뜻하는 단어 'RAFT'가 있잖아. RAFT를 모스 부호로 표현하면 ·−· ·− ··−· −야. 혹시 다른 단어를 생각했니? 뭐? FART? 그건 '방귀'잖아. 우웩.

통신

1844년 새뮤얼은 미국의 워싱턴에서 볼티모어까지 60킬로미터에 달하는 전선을 설치하고 최초의 장거리 메시지, 즉 '전보'를 보냈어. '신이 얼마나 큰일을 하셨는가'라는 메시지였지. 그때를 시작으로 우리가 장거리 메시지를 보낼 수 있게 된 거야.

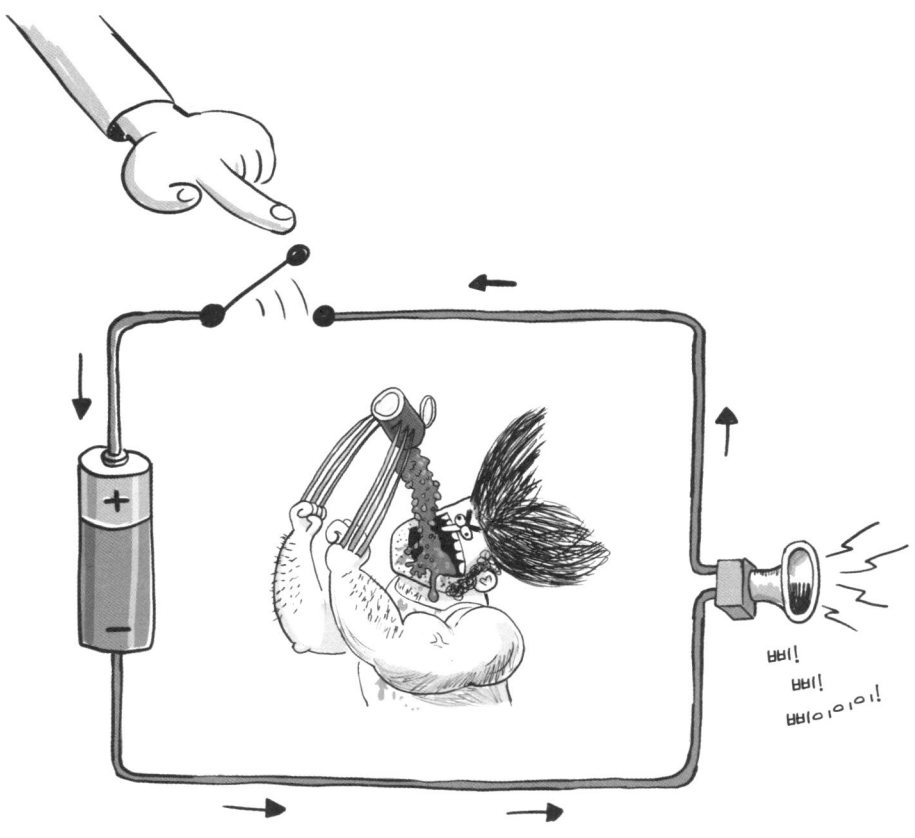

얼마 후 ·-- --- ·-- ·--- --- 곳곳에 전선이 연결되었어. 혹시 이해했니? 부호를 해독하면 'World', 즉 '세계'야.

벨 소리

이번엔 알렉산더 그레이엄 벨Alexander Graham Bell을 만나 볼 차례야. 알렉산더 그레이엄 벨은 1847년 스코틀랜드에서 태어나 20대에 미국으로 이주했어. 알렉산더는 세계 곳곳에 설치된 이 전선들로 점과 선을 전달하는 데서 그치지 않고 훨씬 더 흥미로운 일을 할 수 있다고 생각했어. '멀리 떨어져 있는 사람들이 이야기를 나눌 수는 없을까?' 이렇게 생각한 거지. 그래서 사람의 목소리를 전기 신호로 바꾸어 전선으로 흘려보내는 기계를 발명했어. 작은 북과 비슷한 진동판이 떨리면서 전자석이라고 하는 바늘을 움직이는 기계지. 이게 바로 옛날 전화

기야. 발명가들은 대개 발명품에 자기 이름을 붙이는데 어째서인지 벨은 이 기계에 자기 이름을 붙이지 않았어.

벨은 1876년 3월 10일에 세계 최초로 전화 통화를 했어. 세상을 바꾼 이 굉장한 발견을 누구에게 가장 먼저 알렸을까? 대통령? 여왕? 교황? 전부 다 틀렸어. 실험실에서 실수로 자기 다리에 산성 용액을 쏟는 바람에 옆방에 있는 조수에게 도와 달라고 전화했거든. 아마 이렇게 말했을 거야. "아아악! 아아악! 도와줘! 내 다리에 산을 쏟았어!"

(내 변호사 나이절의 당부! 절대 다리에 산성 용액을 쏟아선 안 된대.)

전파의 전파

벨이 발명한 이 최신식 전화기의 문제는 휴대하기가 너무나 어려웠다는 거야. 전선으로 벽에 연결되어 있어서 버스에 들고 탈 수도 없고 등산할 때 들고 갈 수도 없었지. 1917년 에리크 티게르스테드 Eric Tigerstedt라는 핀란드 발

명가가 세계 최초의 이동식 전화기를 설계했지만 실제로 쓸 수 있는 기계를 만들지는 못했어.

실제로 사용할 수 있고 가게에서 구입할 수도 있는 휴대전화를 처음 만든 사람은 마틴 쿠퍼Martin Cooper라는 미국인이야. 마틴은 모토롤라Motorola라는 회사에서 근무하다가 1973년에 이름도 복잡한 '다이나택 8000x'라는 거대한 전화기를 발명했어. 크기는 신발 한 짝만 하고 무게는 지금 우리가 쓰는 스마트폰의 여섯 배였지. 30분만 통화하면 배터리가 다 떨어졌어. 어차피 너무 무거워서 30분 동안 들고 있으면 팔이 떨어져 나갔을 거야. 사람들은 이 전화기에 '벽돌'이라는 별명을 붙였어. 그래도 실제로 전화를 걸 수 있는 휴대폰이었다니까! 마틴은 1973년 4월 3일에 이 전화기로 처음 전화를 했어. 누구한테 했을까? 이번에도 여왕이나 대통령은 아니었어. 교황도 아니었지. 휴대폰을 최초

로 발명하려고 경쟁하던 사람에게 전화해서 이렇게 말했지. "하하하하하하하!" 나 같아도 그랬을 것 같아.

휴대폰도 소리를 신호로 바꾸는 방식으로 작동하지만, 전선을 통하는 게 아니고 공기 중에 전파로 신호를 보내. 옛날 휴대폰에는 안테나가 달려 있어서 통화할 때마다 안테나를 빼서 세워야 했지. 허공으로 퍼져 나간 전파를 송신탑이라는 커다란 안테나가 포착해 다른 송신탑들로 훨씬 더 강력한 전파를 보내면 상대방 근처에 있는 송신탑이 이 전파를 잡아서 보내 주는 원리야. 전파가 이렇게 사방을 돌아다니는 데도 서로의 목소리를 바로바로 들을 수 있는 것은 전파가 시속 약 10억 8000만 킬로미터로 이동하기 때문이야. 이건 빛의 속도거든.

문자의 문턱

최초의 휴대폰으로는 전화 통화만 할 수 있었어. 카메라나 달력, 틱톡은 사용할 수 없었지. 문자 메시지를 보낼 수 있게 된 것도 거의 20년이 지나서였다니까! 최초의 문자 메시지는 단문 메시지 서비스Short Message Service의 앞 글자를 따서 SMS라고 불렀어. 짧은 메시지만 보낼 수 있다는 뜻이었지. 아무리 길어도 이만큼이 한계였거든. "안녕, 브루스. 혹시 이번 주말에 나랑 놀 수 있어? 만난 지 오래된 것 같아서 같이 영화를 보러 가거나 아니면 같-" 1992년 12월 3일, 닐 팹워스Neil Papworth라는 공학자가 최초의 SMS를 보냈어. 내용은? "메리 크리스마스."였어. 말했잖아. 그 시대의 휴대폰에는 달력 기능이 없었다고.

과거 휴대폰에는 달력만 없는 게 아니라 터치스크린 기능이나 자판도 없었거든. 숫자판으로 메시지를 쓰려면 시간이 엄청나게 오래 걸렸지. 전화기의 숫자 버튼에는 숫자 옆에 문자가 서너 개씩 적혀 있었어. 예를 들어 숫자 2 버튼에는 ABC, 6 버튼에는 MNO, 8 버튼에는 TUV, 이렇게 말이야. 아보카도를 뜻하는 줄임말 'AVO'를 쓰고 싶으면 숫자 2-8-6을 차례로 누르는 거지. 안타깝게도 문자가 언제나 정확하게 입력되는 건 아니라서 숫자 2-8-6을 눌렀는데 '엉덩이'를 뜻하는 'BUM'이 적히기도 했어. 너무하지 않니? 이모티콘도 없었기 때문에 문자를 배열해서 직접 만들어야 했지. 웃는 얼굴은 이렇게 :-) 메롱은 이렇게 :-p 좀비는 이렇게 »¬º-°«¬

MMS, 즉 멀티미디어 메시지 서비스Multimedia Messaging Service를 쓸 수 있게 된 건 2002년이야. 그때부터 사람들은 내 책에 대해 긴 의견을 주고받을 수 있게 되었고 내 책의 그림들이나 내 책에 관한 동영상, 내 책에 관한 이모티콘까지 보낼 수 있게 되었지. 사실은? - 이 책에 관해 제 이미지 기능이 추천하는 이모티콘은 다음과 같습니다. 못됐군. 어쨌든 그 뒤로 카카오톡 같은 서비스도 생겨나서 이제는 날마다 엄청나게 많은 메시지가 전송되고 있어. 전 세계 사람들은 한 명당 하루에 평균 12개씩 메시지를 보내고 있지.

스마트 스타일

1996년 노키아Nokia라는 회사가 9000 커뮤니케이터9000 Communicator라는 휴대폰을 세상에 선보였어. 얼핏 보기에는 버튼과 화면이 앞쪽에 있는 예전 휴대폰과 똑같아 보였지만(크기만 조금 더 컸을 뿐) 옆면의 스위치를 누르면 책처럼 펼쳐졌지. 안쪽에 적당한 크기의 키보드와 더 큰 화면이 있어서 이메일을 보내고 온라인 검색도 할

찬물 끼얹기
4/10
9000번째 모델도 아닌데 왜 이런 이름을 지었을까?

수 있었어. 웹사이트가 화면에 로딩되는데 15년쯤 걸리긴 했지만 말이야. 최초의 컬러 스크린은 1998년에 나왔고 최초의 카메라 폰은 1999년에 나왔어. 그리고 최초의 스마트폰인 아이폰은 2007년에 출시되었지. 현재 어른들은 하루에 3시간 넘게 스마트폰을 사용해. 안타까운 일이지. 나처럼 밖에 나가 놀거나 책을 읽는 데 더 많은 시간을 쓰면 좋을 텐데. ➤ 사실은? - 주인님은 어제 9시간 넘게 〈캔디 크러시〉를 했잖아요. ➤ 쉿!

하나 둘 셋, 찰칵!

지금은 사진을 찍는 게 너무나 쉬운 일이 되었지. 누가 스마트폰의 버튼을 한두 번 누르는가 싶더니 "너 누구야?! 내 사진 찍지 마!"라고 말할 새도 없이 인스타그램에 내 사진이 올라가 버리기도 하거든. 지금은 이렇게 쉽게 사진을 찍을 수 있지만, 예전에는 그렇게 쉬운 일이 아니었어. 1824년 니세포르 니엡스 Nicéphore Niépce라는 프랑스인이 석유로 만든 역청이라는 물질과 라벤더 오일을 바른 금속 조각, 그리고 작은 구멍을 사용해 최초의 사진을 찍는 데 성공했어. 한 가지 문제는 사진을 찍는 데 적어도 반나절이 걸렸다는 거지. 어떻게 반나절 내내 카메라를 보고 웃고 있겠니? 아참, 화질도 엉망이었어. ⚡ 사실은? - 문제가 한 가지가 아니라 두 가지네요. ⚡ 그의 친구 루이 다게르 Louis Daguerre는 1~2분 사이에 사진을 찍을 만큼 기술을 크게 발전시켰어. 하지만 이 사진 기술에 다게레오타이프 Daguerrotypes라는 몹쓸 이름을 붙였다니까. 그래도 오래지 않아 많은 사람이 난생처음 사진을 찍고 자기 사진을 볼 수도 있게 되었지. 그 사람들이 나와 비슷했다면 사진사에게 사진이 엉망이라고 따졌을 거야. 그 후 100여 년 동안 카메라로 사진을 찍으면 카메라 안에 넣은 롤 필름에 저장되었고, 그 필름을 현상소에 가져가야 종이로 출력할 수 있었어.

1947년 제니퍼 랜드라는 세 살짜리 아이가 아빠에게 사진이 나오기까지 왜 그렇게 오래 기다려야 하느냐고 물

> 찬물끼얹기
> **2/10**
> 길고 기억하기
> 어려운 데다가
> 잘난 척이
> 심하잖아.

었어. 아빠가 찍어 준 사진을 '바로' 보고 싶었거든. 제니퍼의 아빠 에드윈Edwin Land도 마침 같은 생각을 하고 있었어. 에드윈은 폴라로이드 카메라를 발명했지. 안에 적절한 화학 약품이 들어서 사진을 찍으면 조그만 종이 사진을 바로 현상해 주는 카메라 말이야. 얼마 후 디지털카메라가 또 한 번 세상을 바꿔 놓았지. 사람들은 이제 사진을 찍자마자 카메라에 달린 작은 화면으로 사진을 볼 수 있게 되었어. 아울러 처음으로 사진을 편집할 수도 있게 되었지. 유용하긴 하지만 내가 지난해에 보낸 크리스마스카드를 누군가가 포토샵으로 편집한 사진을 보니까 기분이 별로더라. 내 입을 전부 피핀의 엉덩이로 바꿔 놓았거든. 대체 누가 그랬을까? ⚡ 사실은? - 저는 아무 말도 하지 않겠습니다. ⚡

와, 이 파이!

너는 아마 들어 본 적 없겠지만, 1940년대에 온갖 인기 영화에 출연해서 아주 유명해진 헤디 라마Hedy Lamarr라는 배우가 있었어. ⚡ 사실은? - 이 책의 제목은 『닥터 K 역대급 발명왕』이지 『닥터 K 국가대표 영화배우』가 아닙니다. ⚡ 알려 줘서 고마워. 조금 기다렸으면 좋았을 텐데. 헤디는 연기를 하는 게 너무 따분해서 일이 끝나면 집에 가서 이것저것 발명하곤 했어.

제2차 세계대전은 두 번째 세계대전이라는 뜻이야. ⚡ 사실은? - 독자의 99.3퍼센트가 이미 알고 있습니다. ⚡ 그렇군. 어쨌든…… 제2

차 세계대전에서 미국군이 미사일을 발사할 때마다 독일군은 미국군의 유도 전파를 방해했어. 그 바람에 미국군은 표적을 정확히 맞힐 수가 없었어. 헤디는 신호를 끊임없이 바꿔 전파 방해를 막는 "주파수 도약"이라는 방법을 생각해 냈지. 말 그대로 주파수가 깡총깡총 뛰는 토끼처럼 변하는 거야. 이 방법은 오늘날 전파를 사용해서 정보를 전송하는 와이파이Wi-Fi에 사용되고 있어. 헤디가 아니었다면 우리가 사용하는 컴퓨터들은 지금도 벽에 선으로 연결되어 있었을 거야.

이제 내 로봇 도우미에게 거짓말 탐지기를 켜 보라고 할게. 헤디 라마에 관한 다음 사항 가운데 새빨간 야옹말을 찾아보렴.

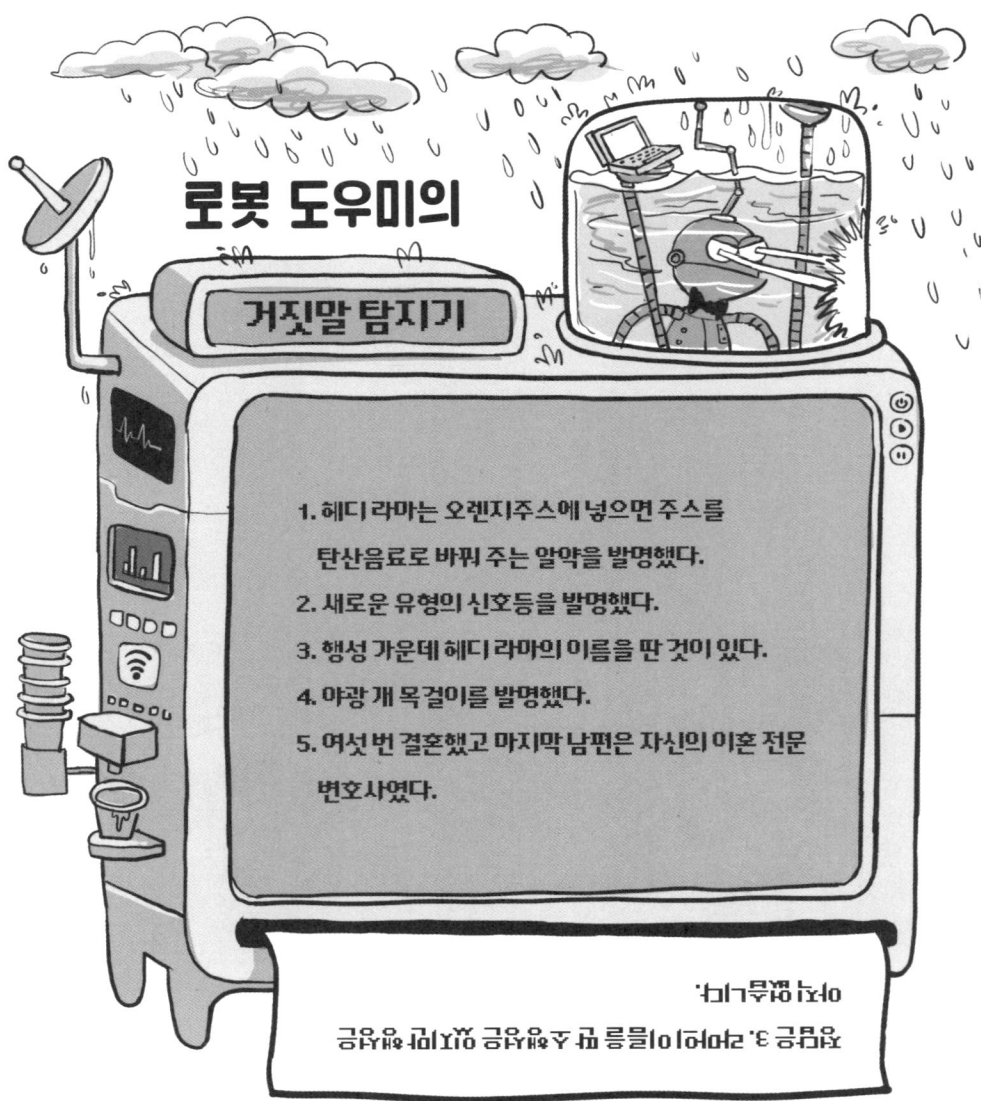

로봇 도우미의 거짓말 탐지기

1. 헤디 라마는 오렌지주스에 넣으면 주스를 탄산음료로 바꿔 주는 알약을 발명했다.
2. 새로운 유형의 신호등을 발명했다.
3. 행성 가운데 헤디 라마의 이름을 딴 것이 있다.
4. 야광 개 목걸이를 발명했다.
5. 여섯 번 결혼했고 마지막 남편은 자신의 이혼 전문 변호사였다.

정답은 3. 소행성 이름 중 헤디라마의 이름을 딴 소행성은 있지만 행성은 아닙니다.

참일까 똥일까?

전화가 처음 발명되었을 때 사람들은 "여보세요" 대신 "아호이 호이!" 하고 전화를 받았다.

참 전화가 발명되었을 때 사람들은 전화를 어떻게 받아야 할지 몰랐어. 그래서 알렉산더 그레이엄 벨이 "아호이 호이!"라는 말을 제안했지. 그런데 다들 이 말이 좀 바보 같다고 생각한 모양이야. 얼마 후 토머스 에디슨이 새로운 인사말 "헬로!Hello!"를 생각해 냈어. 그전까지 "헬로"는 놀랄 때 하는 말이었거든. 그때부터 "헬로!"는 "여보세요!" 또는 "안녕하세요!"라는 뜻의 인사말이 되었어.

가장 많이 사용되는 이모티콘은 똥이다.

똥 아니, 똥이라는 뜻이 아니라 이 말이 틀렸다고. 안타깝게도 똥 이모티콘의 인기는 99위에 머물러 있어. 2위는 우는 얼굴 이모티콘, 영광의 1위는 울면서 웃는 이모티콘이야. 내가 가장 많이 쓰는 건 강아지 이모티콘과 바람 빠지는 표시 이모티콘이야. 피핀이 방귀를 뀌었으니 거실에 들어오지 말라는 뜻이지.

세상에는 디지털 기기보다 인간이 더 많다.

똥 전 세계를 통틀어 인터넷에 연결된 스마트폰과 태블릿은 160억 대이고 세계 인구는 약 80억 명이야. 참고로 강아지는 대략 10억 마리, 자동차는 15억 대쯤 있어. 그보다 더 중요한 사실은 애덤이라는 이름을 가진 사람이 300만 명이나 있다는 거야.

케이에게 물어봐

세계에서 가장 빠른 타이핑 속도는?

세계 기록 보유자인 바버라 블랙번은 보통 사람의 다섯 배 속도로 타이핑을 할 수 있어. 1분에 212개의 단어를 칠 수 있거든. 이 단원 전체를 18분 만에 칠 수 있다는 뜻이야! 혹시 코로 키보드를 가장 빨리 두드릴 수 있는 사람도 알고 싶니? ⚡ 사실은? - 이 책에서 처음으로 90퍼센트 이상의 독자가 궁금해합니다. ⚡ 데이빈더 싱이라는 인도 사람인데, 코로 17개 단어로 이뤄진 문장을 40초 만에 쳤어.

블루투스(Bluetooth)라는 이상한 이름은 어디서 왔을까?

찬물끼얹기
3/10
치아를 뜻하는
'투스(tooth)' 때문에
치실 이름에
더 어울릴 것 같잖아.

1000년 전 바이킹의 왕이었던 해럴드 블루투스 Harold Bluetooth의 이름을 딴 거야. 블루투스 왕은 여러 부족이 서로 사이좋게 지내도록 설득한 것으로 유명하거든. 블루투스 기술도 스마트폰과 무선 프린터, 냉장고 등이 서로 소통하게 해 주잖아.

왜 애플사의 광고에 나오는 제품에는 항상 똑같은 시각이 표시될까?

애플사를 세운 스티브 잡스Steve Jobs가 최초로 아이폰을 소개한 시각이 오전 9시 41분이거든. 스티브 잡스는 9시 41분이 행운의 시각이라고 생각했지. 그 뒤로 애플사는 모든 아이폰과 아이패드, 애플 컴퓨터 광고에서 제품 화면에 오전 9시 41분이라는 시각을 띄우고 있어. 아이폰이 20억 대 이상 판매된 것을 보면 정말 효과가 있는 게 아닐까?

엇, 방금 내 친구 브루스에게서 문자 메시지가 왔어. 이번 주말에 나와 함께 영화관에 갈 수 있다고 하네.

통신

빼앗긴 발명

힘든 일을 했는데 아무도 알아주지 않으면 정말 속상하지 않니? 그보다 더 싫은 일은 (버섯 먹기를 빼고는) 없잖아. 나도 땅콩버터를 발명했는데 그 사실을 아무도 믿어 주지 않아서 속상하거든. ⚡ 사실은? - 땅콩버터는 주인님이 태어나기 100여 년 전에 마셀러스 에드슨 Marcellus Edson이 발명했습니다. ⚡ 역사 속에는 우리의 삶을 크게 바꿔 놓은 발명을 했는데 누구에게도 인정받지 못한 사람도 많아. 대개는 천재인 척하고 싶어 하는 욕심쟁이 남자들에게 밀려 빛을 보지 못한 여자들이지.

엘리자베스 매기(Elizabeth Magie)

혹시 모노폴리Monopoly라는 보드게임을 해 봤니? 세계 곳곳을 돌면서 집을 사고 임대료를 받는 게임이야. 내가 너무 재미없게 설명했나? 사실은 인기가 아주 많아서 2억 5000만 세트가 넘게 팔린 게임이라고. 이 게임은 찰스 대로Charles Darrow라는 남자가 만든 것으로 알려져 있고 게임을 판매해서 벌어들인 돈도 모두 찰스가 가져갔어. 그런데 찰스는 이미 30년 전에 만들어진 게임의 아이디어를 훔친 거야. 1904년 엘리자베스 매기라는 여자가 비슷한 게임을 만들었어. 하지만 큰돈을 벌지는 못했지. 못된 찰스! 어쨌든 오늘날 전 세계 사람들이 모노폴리를 즐기며 말다툼을 벌이거나 탁자를 뒤엎거나 발을 쿵쿵 구르면서 "이런 게 어디 있어!" 라고 외치며 방을 나갈 수 있게 된 건 모두 엘리자베스 덕분이야.

로절린드 프랭클린(Rosalind Franklin)

네가 기억할지 모르겠지만 나는 앞에서 DNA 얘기를 할 때 DNA의 모양은 로절린드 프랭클린과 제임스 왓슨, 프랭시크 크릭, 모리스 윌킨스 네 사람이 발견했다고 했어. 로절린드 프랭클린을 맨 앞에 넣은 것은 그가 DNA 사진을 처음 찍은 사람이기 때문이야. 그 사진이 DNA의 구조를 밝히는 과정에서 가장 중요한 역할을 했지. 하지만 당시 로절린드는 그 공로를 인정받지 못했어. 그리고 난소암에 걸려 1958년에 37세의 나이로 세상을 떠났지. 1962년에 나머지 세 사람이 노벨상을 받았는데, 노벨상은 원칙적으로 살아 있는 사람한테만 주거든. 이때 로절린드가 살아 있었다면 함께 수상했을 거야. 다행히 오늘날에는 로절린드가 DNA의 구조를 밝혀내는 데 아주 중요한 역할을 했다는 사실을 모두가 알게 되었어. 로절린드의 이름을 붙인 기관이 많아졌거든. 대학교와 연구소도 일곱 곳이나 되고 9241 로즈프랭클린**9241 Rosfranklin**이라는 소행성도 있어.

유니스 푸트(Eunice Foote)

온실 효과는 따뜻한 온실에서 느끼는 아늑함을 뜻하는 말이야. ➤ **사실은? - 온실 효과는 대기 중에 이산화탄소 같은 가스가 많아지면서 지구의 온도가 높아지는 현상을 뜻합니다. 석유와 가스를 태우면 온실 효과 때문에 지구가 뜨거워집니다.** ➤ 온실 효과는 1856년 유니스 푸트가 처음 발견했어. 하지만 아무도 유니스를 주목하지 않았고 다른 사람이 공로를 가져갔지 뭐야? 3년 뒤 존 틴들**John Tyndall**이라는 과학자가 온실 효과를 '발견'한 사람으로 유명해졌거든. 겨우 10년 전에야 사람들은 유니스가 온실 효과를 처음 발견했다는 사실을 알게 되었어.

메리 앤더슨(Mary Anderson)

자동차가 세상에 나온 지 얼마 안 된 1903년, 자동차에는 몇 가지 문제가 있었어. 그중 하나는 비나 눈이 오면 도로변에 차를 세우고 천으로 앞 유리를 닦아 줘야 한다는 것이었지.

메리 앤더슨이라는 여자는 이 문제를 해결하기로 마음먹고 와이퍼를 발명했어. 그런데 자동차 회사들은 메리의 발명품에 전혀 관심을 갖지 않았어. 운전자들이 30초에 한 번씩 차에서 내려 앞 유리를 닦는 걸 더 좋아할 거라고 생각한 모양이야. 그러다가 1967년 로버트 컨즈Robert Kearns라는 남자가 메리 앤더슨의 와이퍼를 조금 변형해서 소개했어. 처음에 와이퍼는 끊임없이 왔다 갔다 하며 유리창을 닦았는데, 로버트 컨즈는 와이퍼가 몇 초에 한 번씩만 움직이도록 바꾼 거야. 로버트의 와이퍼는 엄청난 인기를 끌었고 지금은 모든 사람이 로버트가 와이퍼를 발명했다고 생각한다니까! 그래도 이제 너는 아니겠지?

애덤 케이 천재 주식회사

애덤의 자신만만 자동 세탁 바지

빨래하기가 너무 귀찮다고요? 그래서 만들었습니다. 저절로 세탁되는 최초의 바지! 호스와 세제로 만든 특수 장치가 내장된 이 굉장한 바지는 평생 세탁기에 넣을 필요가 없답니다.*

말도 안 되는 가격!

17,890,000원

(형광 녹색과 똥색)

*바지가 자동 세탁되는 동안에는 오줌을 싼 것처럼 보일 수 있으니 유의하세요.

컴퓨터는 박과의 한해살이 덩굴식물로, 남아시아가 원산지이고 긴 원통형의 초록색 열매가 ➤ **사실은? - 그건 컴퓨터가 아니라 큐컴버 cucumber, 오이입니다.** ➤ 아, 그렇구나.

컴퓨터는 이제 우리 삶에 아주 깊숙이 들어와 있어. 우리가 날마다 타고 다니는 자동차부터 학교에 안전하게 갈 수 있게 해 주는 신호등, 은행에 넣어 둔 돈을 찾을 때 쓰는 현금 인출기, 그 돈을 쓰기 위해 찾아가는 상점들, 컴퓨터 게임에 이르기까지 우리 삶에서 빼놓을 수 없는 요소가 되었지. 지금 이 책도 노트북컴퓨터로 쓰고 있거든. 피핀이 위에다 오줌을 싼 이후로 살짝 버벅대긴 하지만 말이야. 이제부터 컴퓨터가 나오기까지 큰 공을 세운 천재들에 대해 알아보자.

스웨터 컴퓨터

깜짝 퀴즈를 내 볼게. 컴퓨터는 언제부터 있었을까?

① 2000년 전
② 200년 전
③ 20분 전
④ 모른다. - 이 책은 실수로 골랐다.

정답은 ②야. 맞혔다면 공짜 비행기를 상으로 줄게. 가까운 공항에서 찾아가렴. (내 변호사 나이절의 당부! 가까운 공항에 가 봐야 공짜 비행기를 줄 리가 없으니 헛수고만 할 거래.)

최초의 컴퓨터는 1801년 조제프 마리 자카르Joseph Marie Jacquard라는 프랑스의 직물 기술자가 만들었어. 하지만 오늘날 우리가 쓰는 컴퓨터와는 완전히 달랐어. 화면이나 키보드도 없었기 때문에 좀비 감자의 습격(애덤 케이 천재 주식회사 신제품, 말도 안 되는 가격! 689,900원) 같은 끝내주는 게임도 즐길 수 없었거든.

조제프의 컴퓨터는 직물을 짤 때 사용하는 직조기였어. 조제프는 무늬가 있는 실크 섬유를 만드는 공장을 운영했는데 매번 무늬를 넣기가 아주 성가셨지. 빨간 실을 넣은 뒤 초록 실을 넣고 그다음에는 징글빙글 실을 넣고 다음으로 흰 실을 넣고……. 그래서 그는 구멍이 뚫린 나무 카드를 만들어 컴퓨터가 그것을 읽고 순서대로 되풀이할 수 있게 만들었어. 쉽게 말해서 최초의 코딩을 한 셈이야. 최초의 컴퓨터를 만든 것을 축하해 주고 싶은데 프랑스어로 뭐라고 하는지 모르겠네.  사실은? - '축하하다'의 프랑스어는 'félicitations(펠리시타시옹)'입니다.

캐비지가 아니라 배비지

찰스 배비지Charles Babbage는 엄청나게 영리한 사람이라 못하는 게 거의 없었어. 하지만 그런 찰스 배비지라고 해도 사람들이 자꾸 Cabbage(양배추)와 헷갈려서 찰스 캐비지라고 부르는 건 어쩔 수 없었지. 찰스는 수학자이자 발명가였고 철학자 겸 정치가이기도 했지만 가장 유명한 업적은 바로 세계 최초의 컴퓨터를 만든 거야. 미안, 오줌 사건 이후로 내 노트북컴퓨터가 맛이 좀 간 것 같아. 찰스의 가장 유명한 업적은 세계 최초의 컴퓨터를 만든 거야.

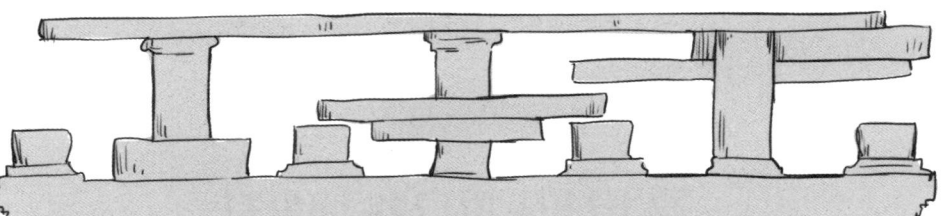

　때는 1800년대였고 찰스는 매번 일일이 계산하는 게 지겨웠어. 쉬운 계산은 문제없었지. 4+3=9와 같은 계산은 누구나 할 수 있잖아. ⚡사실은? - 에헴.⚡ 하지만 찰스 배비지가 주로 하는 계산은 아주 복잡했거든. 배로 바다를 건너려면 어느 방향으로 가야 하는가. 집을 지을 때 어떤 크기의 기둥을 넣어야 쓰러지지 않고 버틸 수 있는가. 이런 계산은 시간이 아주 오래 걸리는 데다가 피곤하거나 배가 고프거나 로봇 도우미가 실수로 바닥에 수프를 왕창 쏟아서 방해하면 ⚡사실은? - 실수가 아니었습니다.⚡ 틀리기도 쉽잖아.

　그래서 찰스 배비지는 차분기관Difference Engine이라는 컴퓨터를 발명했어. 그런데 이 컴퓨터는 어디론가 옮길 수가 없었어. 네 침실보다도 크고(네가 궁전에 사는 게 아니라면 말이야. 혹시 궁전에 산다면 왕관 하나만 얻을 수 있을까?) 무게는 승용차 두 대를 합친 것과 비슷했어. 덧셈을 하려면 커다란 바퀴들을 돌려서 질문을 입력해야 했고 그런 다음에는 다시 핸들을 돌려야 수많은 톱니와 사슬과 기어와 차축이 윙윙 움직이거나 회전하면서 답을 알려 주었지. 그냥 스마트폰의 계산기 앱을 쓰면 될 텐데, 왜 그랬나 모르겠다니까. ⚡사실은? - 1821년이었으니까요.⚡

이제 내 로봇 도우미에게 거짓말 탐지기를 켜 보라고 할게. 찰스 배비지에 관한 다음 사항 가운데 시뻘건 거짓말을 찾아보렴.

러브, 레이스, 러브레이스

에이다 러브레이스Ada Lovelace라는 사람이 없었다면 좀비 감자의 복수(애덤 케이 천재 주식회사에서 예약 판매 중. 말도 안 되는 가격! 1,299,900원.)도 나올 수 없었어. 에이다는 찰스 배비지의 친구였어. 찰스의 컴퓨터를 훌륭하다고 여겼지만 그 컴퓨터에 사용할 프로그램을 만들면 훨씬 더 좋을 것 같았지. 그러던 중 조제프 마리 자카르가 구멍 뚫린 나무 카드로 만든 직물 컴퓨터를 떠올렸어. 에이다는 그와 같은 방법으로 새로운 발명품을 만들어야겠다고 결심했지.

컴퓨터

하지만 안타깝게도 한 가지 큰 문제가 있었어. 남자들 중에는 여자가 남자보다 똑똑하지 않다고 믿는 멍청이들이 있다는 거였지. 당연히 말도 안 되는 소리야. 그런 걸 성차별이라고 해. 어쨌든 사람들은 에이다의 아이디어에 관심을 갖지 않았고, 에이다가 연구를 위해 도서관을 이용하는 것도 허락하지 않았어. 하지만 에이다는 그저 어깨를 으쓱하고는 집에서 연구를 계속했지. 과연 성공했을까? 당연하지! 찰스 배비지의 컴퓨터에 쓸 프로그램을 만들고 코딩을 발명한 거야. 게다가 미래에는 컴퓨터로 작곡을 하고 퍼즐을 풀게 될 거라고 예측했어. 대단하지 않니? *좀비 감자의 복수*까지 예측했더라면 훨씬 더 대단했을 텐데.

튜링 해프닝

혹시 영국을 여행하다가 운 좋게 50파운드짜리 지폐를 발견한다면 한쪽 면에 컴퓨터 천재가 있는 것을 보게 될 거야. 바로 찰스 왕이야. ⚡ **사실은? - 다른 면을 보세요.** ⚡ 아, 앨런 튜링 Alan Turing 이구나.

컴퓨터 안을 들여다본 적이 있니? 컴퓨터 안에는 마이크로 칩이 가득 들어있거든. 가장 중요한 칩은 CPU, 즉 중앙 처리 장치 Central Processing Unit 야. 컴퓨터의 두뇌라고 할 수 있지. 앨런 튜링은 1936년 대학 시절 "범용 컴퓨팅 머신"이라는 아이디어를 냈는데, 이게 최초의 CPU였어. 잘했어, 앨런! 그 후 제2차 세계대전이 시작되자 앨런은 런던 북서쪽의 블레츨리 파크라는 곳에서 비밀리에 암호를 해독해 달라는 부탁을 받았어. 적군인 독일군이 전파를 사용해 공격 장소를 지시하는 메시지를 주고 받고 있었는데, 영국군이 해독하지 못하도록 ㅓㅁㄷㄴㅐ라는 장치를 사용해 모든 것을 암호로 만들어 보냈거든. 앗, 미안. 피핀 때문이야! 에니그마 기계 Enigma machine 야.

에니그마 기계로 만든 암호는 아주 복잡했을 뿐 아니라 날마다 바뀌었어. 그걸 해독하기란 달 표면에서 말을 타고 폭풍에 맞서 달리며 눈을 가리고 낱말 맞추기 퀴즈를 푸는 것만큼이나 어려웠지. 당연히 블레츨리 파크에서는 아무도 그 암호를 풀지 못했어. 앨런이 나타나기 전까지는. 앨런은 독일군의 메시지를 전부 해독할 수 있는, 장롱만 한 크기의 봄베Bombe라는 기계를 만들었어. 그 덕분에 영국군은 독일군의 계획을 정확히 알아낼 수 있었지. 역사학자들의 말에 따르면 앨런이 에니그마 암호를 해독한 덕분에 제2차 세계대전에서 200만 명이 넘는 사람들의 목숨을 구할 수 있었대. 그러니까 지폐뿐 아니라 동전과 우표에도 얼굴이 실릴 만하지.

안타깝게도 앨런은 동성애자라는 사실이 발각되어 정부에서 해고되었어. 그 시대에는 동성애가 법으로 금지되어 있었거든. 다행히 이제는 그런 법이 없어져서 나와 내 남편도 감옥에 가

는 걸 면할 수 있게 되었지. 옛날 사람들은 가끔 이상한 구석이 있었다니까.

작아질 시간

지금까지 살펴본 모든 컴퓨터의 문제는 크기가 좀 많이 컸다는 거야. 컴퓨터를 들여놓으려면 집 한 채를 따로 마련해야 할 정도였지. 또 사용하기 쉽지 않아서 컴퓨터를 쓰려면 박사 정도는 되어야 했고 말이야. 그래서 발명가들이 나서서 크기도 조금 더 작고 조금 더 멍청한 사람도 쓸 수 있는 컴퓨터를 만들기 시작했어. ⚡ 사실은? - '애덤도 쓸 수 있는'으로 바꾸는 게 좋겠네요. 하하하. ⚡ 유머는 나에게 맡기면 안 될까, 친구? ⚡ 사실은? - 저의 유머 평가 기능에 따르면 이 유머의 점수는 97점입니다. ⚡

칩

최초의 칩은 미국 대통령이 만들었어. 1802년 토머스 제퍼슨 대통령은 호화로운 저녁 식사에 중요한 사람들을 초대하고 '프랑스식 감자칩'을 대접했거든. ⚡ 사실은? - 그 칩이 아닙니다. ⚡ 좋은 지적이야. 최초의 마이크로칩은 1958년 잭 킬비 Jack Kilby가 발명했어. 잭은 그 공로로 노벨상을 받았지. 마이크로칩 덕분에 컴퓨터는 훨씬 더 작아졌고 훨씬 더 맛있어졌지. ⚡ 사실은? - 그 칩이 아니…… ⚡ 어쨌든.

가정용 컴퓨터

벽을 허물지 않고도 집에 들여놓을 수 있는 최초의 컴퓨터 이름은 링크LINC였어. 1962년에 만들어졌고 캐비닛에도 쏙 들어가는 크기였지. 이런 링크를 프로그래밍한 사람은 메리 윌크스 Mary Wilkes야. 메리는 세계 최초로 집 안에 컴퓨터를 들여놓은 사람이기도 해. 하지만 링크는 가격이 조금 비쌌어. 지금 돈으로 치면 5억 원 정도였거든. 나라면 차라리 그 돈으로 초콜릿 바를 50만 개 사겠어. ⚡ 사실은? - 그 돈이면 집도 살 수 있습니다. ⚡ 하지만 초콜릿 바도 먹고 싶다면?

플로피 디스크

지금이 1971년이고 네게 컴퓨터가 있다고 상상해 봐. 그 컴퓨터에 프로그램을 깔고 싶다면 어떻게 해야 할까? 인터넷에서 다운로드하면 되지 않냐고? 안 돼. 아직 인터넷이 발명되지 않았거든. 대신 플로피 디스크라는 것을 사용해야 했지. 플로피 디스크는 빙글빙글 돌아가는 얇은 원형 마그네틱 필름이 가운데 박혀 있는 사각형의 플라스틱판이야. 우리 프루넬라 고모할머니가 차를 내줄 때 쓰는 찻잔 받침만 한 이 플라스틱판을 컴퓨터 앞면에 있는 구멍에 꽂아서 사용했어. 플로피 디스크에는 많은 데이터를 담을 수 없었어. 영화 한 편을 넣으려면 1000장 이상 필요했으니 엄청 성가셨을 거야. 넌 플로피 디스크를 본 적이 없다고 생각하겠지만 사실은 컴퓨터를 쓸 때마다 보고 있어. 네가 문서 파일을 저장할 때 클릭하는 아이콘 있지? 그 아이콘이 바로 플로피 디스크 모양이거든. 나는 학교 다닐 때 늘 플로피 디스크를 썼지. 이렇게 쓰고 보니 아주 옛날 사람이 된 것 같네.

➤ 사실은? - 아주 옛날 사람이 맞습니다. ⚡

노트북컴퓨터

세계 최초의 노트북컴퓨터는 1981년 출시된 '오즈번 1Osborne 1' 이야. 노트북컴퓨터는 무릎 위에 올려놓고 쓸 수 있기 때문에 영어로 '무릎 위'라는 뜻의 '랩톱laptop'이라고 불러. 하지만 오즈번 1은 다리가 아주 튼튼한 사람만 무릎 위에 올릴 수 있었어. 무게가 무려 11킬로그램이었거든. 볼링공 두 개 또는 피핀 한 마리와 맞먹는 무게지. 시력도 아주 좋아야 했어. 오즈번 1의 화면은 마술사들이 쓰는 카드만 했으니까. 하지만 새로운 발명품은 언제나 조금 엉성한 법 아니겠어? ⚡ 사실은? - 저는 세계 최초의 로봇 도우미인데도 아주 훌륭하잖아요. ⚡

똥 상자 게임기

어떤 사람들은 컴퓨터가 있어도 좀비 감자 3부작(세 편을 모두 사면 말도 안 되는 가격 1,899,990원!)이 없다면 무슨 소용이냐고 할 거야. 이 게임이 없으면 삶의 의미가 없다고 말하는 사람도 있겠지. ➤ 사실은? - 지금껏 이런 말을 한 사람은 한 명도 없었습니다. ◄ 어쨌든 최초의 비디오 게임은 60여 년 전 윌리엄 히긴보섬 **William Higinbotham**이라는 사람이 만들었어. 그 게임의 제목은 〈두 사람의 테니스〉였지.

이런 말은 하지 않으려고 했는데 솔직히 이 게임은 정말 별로였어. 검은 화면 위에서 초록색 점만 왔다 갔다 할 뿐 좀비 감자는 하나도 나오지 않았거든. 그래도 윌리엄은 이제 연간 약 200조 원의 가치가 있는 산업을 시작한 사람이야. 200조 원이면 초콜릿 바를 몇 개나 살 수 있는지 생각해 봐!

컴퓨터 그래픽의 진화

최초의 가정용 게임기는 1967년에 출시되었어. 이 게임기의 맨 처음 이름은 브라운 박스Brown Box였는데, 뭐가 마음에 안 들었는지 얼마 후에 매그나복스 오디세이Magnavox Odyssey로 바뀌었어. 비디오 게임은 1980년대와 1990년대에 큰 인기를 끌기 시작했지. 당시의 게임 브랜드 가운데에는 오늘날에도 큰 인기를 누리는 것들이 있는데, 〈마리오 브라더스〉, 〈심시티〉(지금은 〈심즈〉), 그리고 〈슈퍼 소닉〉, 〈좀비 감자〉 등이야.

초기의 게임에는 색색의 블록만 잔뜩 나왔는데 컴퓨터가 점점 빨라지고 그래픽이 발전하면서 게임도 영화처럼 사실적으로 바뀌었어. 오늘날 세계에서 가장 잘 팔리는 비디오 게임은 〈마인크래프트〉인데 이건…… 그러고 보니 이 게임에는 색색의 블록만 잔뜩 나오네. 진정해, 마인크래프트 팬들. ➤ 사실은? - 마인크래프트는 2억 개 넘게 팔렸으니 이 책의 독자가 겨우 12명뿐이라도 그 가운데 마인크래프트

찬물 끼얹기
3/10
'갈색 상자'라는 뜻이잖아. 똥을 넣어 놓는 상자 같지 않니?

찬물 끼얹기
5/10
게임기가 아니라 우주선 이름 같은데.

팬이 있을 가능성이 높습니다.

미래는 사양할래

핸들로 작동하는 코끼리만 한 컴퓨터 얘기를 들으면 먼 옛날의 일처럼 느껴지겠지만, 기술은 아주 빠르게 변화하거든. 앞으로 몇 년 후면 아이폰이나 마인크래프트조차 옛날이야기처럼 들릴 거야.

자아그의 문어 인간들이 지구를 점령할 때쯤이면 화면을 터치하거나 키보드를 눌러 글씨를 입력하는 사람도 없을걸? 게임할 때 키패드를 누르지도 않을 테고. 그때가 되면 생각만으로 모든 걸 조종할 수 있을 거야. 뇌-컴퓨터 인터페이스**Brain-Computer Interface**라고 부르는 이 기술은 지금도 몸이 마비되어 팔다리를 못 쓰는 사람들을 돕고 있어. 곧 '애덤_케이_내_최애_작가' 같은 비밀번호를 직접 입력하지 않고 머릿속으로 생각만 해도 되는 시대가 올 거야.

이미 가상 현실 헤드셋을 쓰고 진짜로 게임 속에 들어가 있는 기분을 느낄 수도 있지. 하지만 가상 현실에서는 주변에서 일어나는 일을 손으로 만지듯이 느껴 볼 수 없어. 아직은 말이야. 과학자들은 게임 속에서 일어나는 일들을 현실에서 일어나는 일들처럼 감각으로 직접 느낄 수 있게 해 주는 옷을 개발하고 있지.

컴퓨터

그러자 잠에서 깨어나 속이 울렁거리던 콩지가 내 등을 떠밀었어.

"야, 더 신선한데!"

참일까 똥일까?

최초의 마우스는 유리로 만들었다.

[똥] 영어로 마우스 mouse는 '쥐'라는 뜻이잖아. 쥐는 당연히 옛날부터 털과 내장, 수염으로 이뤄져 있…… ⚡ **사실은? - 여기서 말하는 마우스는 컴퓨터 마우스입니다.** ⚡ 아, 그렇구나. 그래도 어쨌든 답은 '똥'이야. 최초의 마우스는 1963년 더글러스 엥겔바트 Douglas Engelbart가 나무에 바퀴를 덧대어 만들었어. 원래 이름은 '디스플레이 시스템 X-Y 위치 표시기'인데 너무 길어서 마우스라는 별명을 갖게 됐지. 사용할 때마다 휠이 '찍찍' 하는 쥐 소리를 냈거든. ⚡ **사실은? - 모양이 쥐를 닮아서 마우스라고 불렀습니다.** ⚡

앨런 튜링은 사람들이 자꾸 자기 컵을 사용하자 컵을 책상 옆 라디에이터에 사슬로 묶어 놓았다.

|참| 사실, 천재들은 조금…… 괴상해도 괜찮거든. 나도 역대급으로 놀라운 발명가이기 때문에 내가 집에서 바지를 안 입고 다녀도 아무도 신경 쓰지 않지. ➤ 사실은? - 주인님은 형편없는 발명가이고 저는 바지 문제로 4841번 항의했습니다. ➤

컴퓨터 소프트웨어의 문제를 찾아 고치는 것을 '디버깅(debugging)'이라고 부르는데, 이는 과거에 실제로 컴퓨터에 들어간 나방을 제거해 문제를 해결한 적이 있기 때문이다.

|참| 디버깅은 해로운 벌레를 잡는다는 뜻이야. 이런 일을 한 사람은 최초의 프로그래밍 언어를 발명한 전설의 컴퓨터 프로그래머 그레이스 호퍼Grace Hopper야. 그레이스는 이런 말도 했어. "허락을 구하는 것보다는 용서를 구하는 것이 더 쉽다." 용감하게 새로운 것을 시도한 뒤 나중에 결과를 책임지면 된다는 뜻이야. 그렇다고 어른에게 물어보지도 않고 용감하게 아침 식사로 아이스크림 한 통을 퍼먹어도 된다는 뜻은 아니니까 주의하도록.

케이에게 물어봐

배비지가 만든 최초의 컴퓨터를 써 볼 수 있을까?

그건 불가능해. 당시에는 실제로 만들지 못했거든. 하지만 배비지의 설계도로 나중에 다시 만든 차분기관이 런던 과학 박물관에 전시되어 있어. 너무 따분할 것 같니? 사람의 뇌를 보는 게 더 좋다고? 그렇다면 좋은 소식이 있어. 과학 박물관에는 병에 담긴 찰스 배비지의 뇌 반쪽도 전시되어 있거든. 나머지 반쪽은 왕립 외과대학에 있는데, 내가 알기로 이 두 반쪽이 재결합해서 함께 순회 전시를 떠날 생각은 없는 것 같아.

슈퍼 마리오 형제에게도 성이 있을까?

응. 〈슈퍼 마리오 브라더스〉를 만든 닌텐도사에 따르면 그래. 솔직히 닌텐도사라면 이 형제의 이름 정도는 알아야 하지 않겠니? 슈퍼 마리오 형제의 성은 마리오야. 그러니까 루이지의 이름은 루이지 마리오, 마리오의 이름은 마리오 마리오야. 그래도 예전 이름보다는 나아. 처음에는 점프맨이었거든.

애플은 왜 애플일까?

애플사를 만든 스티브 잡스가 사과를 무척 좋아했거든. 애플의 로고는 모두가 알고 있듯이 크게 한 입 베어 먹은 사과잖아. 하지만 1976년 애플이 처음 문을 열었을 때는 로고가 완전히 다른 모양이었어. 사과나무 아래 앉아 있는 아이작 뉴턴 **Isaac Newton** 그림이었지. (아이작 뉴턴은 사과나무에서 사과가 떨어지는 것을 보고, 사과가 떨어지는 이유를 궁금해하다가 만유인력을 발견한 과학자야.) 스티브 잡스와 함께 애플을 창립한 로널드 웨인 **Ronald Wayne**이 그린 로고야. 안타깝게도 로널드 웨인은 2주도 안 돼서 자신이 가진 애플사의 몫을 200만 원도 안 되는 값에 팔고 회사를 떠났어. 그러지 않았다면 지금쯤 그의 몫은 수십조 원이 됐을 거고 세계적인 부자가 되었을 텐데. 이런.

> 찬물 끼얹기
> **8/10**
> 단순하면서도
> 입에 착 붙는 이름이지.

토 나오는 발명

전국 최고의 요리사 겸 새로운 요리법 발명가로서 자신 있게 말하는데 나는 지금껏 맛없는 음식을 만든 적이 없어. 곰팡이 소스를 뿌린 달팽이 요리부터 나물 라면 라자냐에 이르기까지 나의 주방에서 나온 음식은 모두 훌륭했고, 운 좋게 그 음식을 맛본 사람들은 누구나 좋아했지. **사실은? - 과부하, 과부하. 오류가 너무 많아서 처리할 수 없습니다.** 그런데 안타깝게도 지금껏 만들어진 모든 식품이 이렇게 성공한 건 아니야.

셀러리 젤리

너는 어떤 젤리를 가장 좋아하니? 딸기 젤리? 라즈베리 젤리? 오렌지 젤리? 만약 네가 1970년대 미국에 살았다면 역겨운 젤리들을 수없이 봤을 거야. 인기 젤리 브랜드인 젤로에서 혼합 채소 맛과 이탈리안 샐러드 맛, 커피 맛, 셀러리 맛 젤리까지 만들었거든. 이런 젤리도 먹을 수 있겠어?

이렇게 토 나오는 음식은 두 번 다시 볼 수 없을 거야.

바비큐 맛 청량음료

존스 소다 회사라고 들어 봤니? 못 들어 봤다고? 왜인지 알려 줄까? 듣기만 해도 구역질 나는 청량음료를 자주 만들었기 때문이지. 칠면조 맛, 고기 소스 맛, 으깬 감자 맛, 버터 맛, 등등. 혹시 나 때문에 입맛이 떨어졌다면 미안.

훌라 버거

이제는 나 같은 채식주의자들도 식당에서 다양한 음식을 즐길 수 있어. 하지만 언제나 그랬던 건 아니야. 1963년 맥도날드에는 훌라 버거라는 채식주의자들을 위한 메뉴가 있었어. 슬라이스 치즈 한 장, 커다란 파인애플 한 조각, 햄버거 빵, 딱 세 가지 재료로 만든 버거였지. 차라리 감자튀김과 밀크셰이크를 먹는게 낫겠어.

탄산 우유

코카콜라 회사의 누군가가 기분 나쁜 일이 있었는지 우유에 탄산을 넣은 바이오라는 음료를 만들었지 뭐야? 딸꾹질하는 젖소의 젖을 짜면 비슷한 맛이 나지 않을까?

보라색 케첩

토마토는 보통 빨간색이지만 초록색이나 노란색도 있잖아? 20년쯤 전 케첩을 만드는 하인즈사의 누군가가 빨간 케첩이 너무 지겨워서 다른 색 케첩을 만들고 싶었나 봐. 그런데 "으아아아악! 안돼! 역겨워!" 하고 말리는 사람이 아무도 없었어. 결국 하인즈사는 보라색과 초록색, 주황색, 파란색 케첩을 판매하기 시작했지. 감자튀김에 케첩을 뿌렸는데 파란색 액체가 나온다면 어떨 것 같니? 좋을 것 같다고? 그럼 넌 이 책 읽지 마. 금지야.

배 샐러드

배 샐러드는 괜찮지 않을까? 나도 그렇게 생각했는데 아무래도 아닌 것 같아. 1960년대 미국에서 유행했던 이 배 샐러드는 다음과 같이 만들었어. 우선 배를 반으로 갈랐어. 여기까지는 괜찮지. 그런 다음 씨를 파냈어. 이건 오히려 잘한 일이지. 그런 다음 그 안에 마요네즈를 잔뜩 넣었어. 우웩. 싫어. 내 주방에서 당장 나가 줄래?

애덤 케이 천재 주식회사

애덤의 기똥찬 똥 튜브

오늘 눈 똥에는 옥수수 알갱이가 몇 개나 들어 있는지 궁금하지 않나요? 세계 최초의 화장실 CCTV, 애덤의 '기똥찬 똥 튜브'를 사용해 보세요! 하수관에 설치된 최신 카메라가 지나가는 모든 똥을 여러분의 휴대폰에 실시간으로 생중계해 준답니다.*

말도 안 되는 가격! 9,799,990원(케이블 별도)

*이 영상은 미국 타임스스퀘어 및 광화문 광장에도 생중계된다는 점 미리 안내드립니다.

인터넷이 없는 세상을 상상해 봤니? 너는 그런 세상에서 얼마나 버틸 수 있을 것 같아? 하루? 일주일? 나는 한 달쯤 참을 수 있을 것 같거든. 방법을 알려 줄까? 인터넷은 중요하지만 ⚡ **사실은? -** 방금 전에 '우주에 간 펭귄이 있을까?'라고 검색했잖아요. ⚡ 내가 언제? 방금 말했듯이 인터넷은 중요하지만 과거 수천 년 동안 우리는 인터넷 없이 살…… ⚡ **사실은? -** 방금 온라인으로 『글 잘 쓰는 법』이라는 책을 주문하고 엉덩이에 뾰루지가 났다고 의사에게 이메일을 보냈잖아요. ⚡ 알았어. 그만. 인터넷은 중요해. 그런데 우주에 간 펭귄은 없대. 아직은.

전쟁 '덕분에' 인터넷이 발명되었다고?

인터넷은 세상에 처음 세상에 나온 이후, 오늘날 우리가 아는 인터넷이 되기까지 여러 번 변화하고 다듬어졌어. 오늘날 우리가 아는 인터넷은 어떤 걸까? 글쎄, 내가 무슨 말을 해도 잘 못 알아듣는 부엌의 짜증 나는 AI 아닌가? 아무튼, 인터넷의 역사는 60여 년 전 클레어 인터넷이라는 사람에게로 거슬러 올라가. ⚡ **사실은? - 아닙니다.** ⚡

아니야? 그래도 60여 년 전은 맞을걸? 당시 미국과 러시아 (그때는 소련이었어.)는 사이가 좋지 않았어. 그래서 우주 경쟁에서 서로 이기려고 안간힘을 쓰기도 했지. 두 나라가 무슨 일 때문에 사이가 틀어졌는지는 모르겠어. 어릴 적에 나와 내 형제들은 차에 탈 때마다 서로 앞자리에 앉겠다고 싸웠는데, 아마 그와 비슷한 이유였을 거야. 두 나라의 당시 상황을 '냉전Cold War'이라고 불러. '차가운 전쟁'이라는 뜻이지만 그 시대의 날씨가 유난히 쌀쌀했던 건 아니야. 서로 무기를 겨누고 펑펑 쏴대는 '뜨거운' 전쟁이 아니라 서로 차갑게 노려보기만 했다는 뜻이지. 피핀이 창밖에 있는 토끼나 다람쥐, 또는 나뭇잎을 보고 으르렁거리듯이 말이야.

어쨌든 미국은 러시아가 미사일을 발사해 미국 전화망 전체를 망가뜨리지 않을까 몹시 불안해했어. 그 시대에는 전화가 없으면 피자를 주문할 수 없었으니까. (그것 말고도 다른 많은 이유가 있었을 거야.) 그래서 과학자들이 모여 전화 대신 서로 소통할 수 있게 해 주는 방법인 컴퓨터 네트워크를 만들기로 했어.

그러면 중요한 메시지를 전국으로 전송할 수 있잖아. 물론, 동네 피자 가게에도 전송할 수 있고. 자꾸 피자 얘기를 하다 보니 배가 고프네. 헨리, 여기에 만화 좀 그려 줄래요? 나는 잠깐 피자 좀 주문하고 올게요.

    1969년, 미국 국방부 소속의 연구 기관인 방위고등연구계획국 Defense Advanced Research Projects Agency, 줄여서 다르파 DARPA에서 일하는 군 과학자들이 아르파넷 ARPANET(왜 '다'를 '아'로 바꿨는지 모르겠어.)이라는 시스템을 만들었어. 미국의 서로 다른 지역에 있는 컴퓨터 네 대를 연결하는 시스템이었지. 말하자면 미니 인터넷을 만든 거야. 로스앤젤레스에 있는 컴퓨터에서 500킬로미터쯤 떨어진 스탠퍼드에 있는 다른 컴퓨터로

처음 메시지를 보낸 사람은 찰리 클라인Charley Kline이었어. 찰리가 보낸 메시지는……'로'였어. 좀 이상하지 않니? 원래 더 긴 메시지를 입력하고 싶었는데 첫 글자를 입력하고 나자 컴퓨터가 고장나 버렸거든. 아마 이런 메시지를 보내려 하지 않았을까? "로스앤젤레스에서 화장지가 필요함. 빨리 보내 주세요." ⚡ 사실은? - 찰리가 보내려 했던 메시지는 '로그인'이었습니다. ⚡

아르파넷으로 처음 이메일을 보낸 사람은 이메일을 발명한 레이 이메일이었어. ⚡ 사실은? - 레이 톰린슨Ray Tomlinson입니다. ⚡ 1971년 레이는 아르파넷이 제대로 작동하는지 시험하려고 자신에게 다음과 같은 이메일을 보냈어. "QWERTYUIOP" 이게 뭔지 알겠니? 키보드의 맨 윗줄에 있는 알파벳을 보렴. 오늘날 전 세계에서는 하루에 7통이 넘는 이메일이 전송되고 있지. ⚡ 사실은? - 훨씬 넘습니다. 3000억 통 이상이죠. ⚡

사탕과 사탕 가게

더 얘기하기 전에 인터넷과 웹의 차이를 설명하는 게 좋겠다. 알고 싶지 않다면 다음 단락으로 건너뛰렴. 자, 인터넷을 사탕 가게라고 치자. 벽과 지붕, 선반, 사탕 통들이 있는 가게 말이야. 그렇다면 웹은 그 가게에서 판매하는 사탕이라고 볼 수 있지. 간단히 말해 인터넷(사탕 가게)이 없으면 웹(사탕)을 사용할 수 없어. 사탕을 살 수 있는 장소가 없으니까. 인터넷은 있는데 웹이 없다면 먹을 사탕이(즉, 볼거리가) 없는 셈이지. 설명 끝. 이제 이 단락을 건너뛴 한심이들을 다시 불러오자.

어서 돌아오렴, 소중한 친구들! 웹은 1990년 팀 버너스 리 경Sir Tim Berners-Lee이 발명했어. 그런데 그때는 웹이 이토록 많이 쓰이게 되리라는 것을 아무도 몰랐기 때문에 아직 팀 버너스 리에게 '경Sir'이라는 존칭을 붙이지 않았지. 참고로 경은 영국인으로서 훌륭한 업적을 세워 기사 작위를 받은 사람에게 붙이는 존칭이야. 미래의 경이 될 팀 버너스 리는 세른CERN이라는 커다란 연구소에서 일하고 있었어. 세른은 '모든 오른쪽 콧구멍을 세척하라Clean Every Right Nostril'의 줄임말이야. ⚡ 사실은? - 세른은 '유럽 원자핵 공동 연구소'라는 뜻의 프랑스어 'Conseil Europeén pour la Recherche Nucléaire'의 줄임말입니다. ⚡

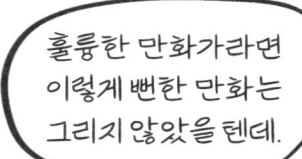

훌륭한 만화가라면 이렇게 뻔한 만화는 그리지 않았을 텐데.

인터넷

인터넷

웹

우리들

이 연구소는 굉장히 커서 미래의 팀 경은 동료들의 연구를 확인하고 싶으면 멀리까지 걸어가야 했지. 그의 동료들은 새로운 콧구멍 세척제를 연구하고 있었거든. ➤ **사실은? - 세 론은 콧구멍과 아무 상관이 없다니까요.** ➤ 미래의 팀 경은 동료들이 커다란 중앙 시스템에 연구 과정을 올려서 모두가 볼 수 있게 하면 좋겠다고 생각했어. 이런 일을 하는 게 바로 웹사이트야.

그래서 팀은 '보기 드물게 둥근 무당벌레들Unusually Round Ladybirds'의 줄임말인 URL과 ➘ 사실은? - URL은 '정보 자원 위치 지정자 Uniform Resource Locator', 즉 웹 주소의 줄임말입니다. ➘ '매우 유독한 화장지Highly Toxic Toilet Paper'의 줄임말인 HTTP, ➘ 사실은? - HTTP는 한 페이지에서 다음 페이지로 넘어갈 수 있는 링크를 의미하는 '하이퍼텍스트 전송 프로토콜Hypertext Transfer Protocol'의 줄임말입니다. ➘ '마법 우체통 해럴드 Harold the Magical Letterbox'의 줄임말인 HTML을 ➘ 사실은?- HTML은 웹페이지가 작성된 코드를 의미하는 '하이퍼텍스트 기술 언어Hypertext Markup

Language'의 줄임말입니다. 발명했어. 이 모든 것이 합쳐져 세계 최초의 웹사이트가 탄생했지. 이 웹사이트를 지금도 인터넷에서 찾아볼 수 있어. 주소는 info.cern.ch야. 세른 웹사이트에서 확인할 수 있지. 웹의 역사에서는 굉장한 사건이지만 막상 가 보면 딱히 볼 게 없어. 그냥 하얀 페이지에 글씨 몇 개가 있을 뿐 그림이나 사진도 없고 모든 게 흑백이거든. 가장 이상한 점은 콧구멍 얘기가 전혀 없다는 거야.

처음에 웹은 아주 단순했어. 조금만 참으면 '경'이 되는 팀 버

너스 리의 컴퓨터가 중심이 되었지. 팀은 누가 스위치를 내려 전체 인터넷이 꺼지는 사고를 막기 위해 메모를 붙여 놓기도 했어. 초기에는 인터넷이 지금처럼 널리 사용될 거라고 생각하는 사람이 많지 않았어. 그 시대에는 인터넷 연결이 엄청 느렸거든. 영화 한 편을 다운로드하는 데 4일이 넘게 걸렸다니까. 그 정도면 갓 튀긴 팝콘도 다 눅눅해져서 못 먹게 됐을 거야. 게다가 인터넷이 집 전화선과 연결되었기 때문에 누군가가 인터넷을 쓰고 있을 때는 전화 통화를 할 수 없었어. 인터넷에 볼 것도 별로 없었지. 1994년에 웹사이트는 겨우 3000개뿐이었고 대부분은 팀이 만든 최초의 웹사이트만큼 따분했어. 어떤 웹사이트는 커피메이커를 찍는 웹캠 영상이 전부였다니까. 왜 이런 영상을 찍었는지 궁금하니? 영국 케임브리지의 한 연구소에서 일하던 퀜틴 스태퍼드-프레이저Quentin Stafford-Fraser라는 사람은 주방에 갈 때마다 커피가 다 떨어져서 화가 났거든. 그래서 자기 자리에서 주방에 커피가 얼마나 남았는지 확인하기 위해 카메라를 연결해 놓았어. 나도 부엌에 웹캠을 설치해서 피핀이 토스터에 똥을 누었는지 확인할 수 있다면 좋겠다.

얼마 후 인터넷 연결이 훨씬 더 빨라지자 수많은 회사가 웹사이트를 만들기로 했어. 현재 웹에는 40억 개가 넘는 웹페이지가 있지. 그리고 팀은 마침내 기사 작위를 받고 경이 되었어. 여태 훌륭한 책을 많이 쓴 나는 언제쯤 기사 작위를 받게 될까? ➤ 사실은? - 제 미래 예측 기능에 따르면 그런 일은 없을 겁니다. ➤ 난 괜찮아.

완전히 괜찮다고. 전혀 화나지 않는다니까. 잠깐만, 다른 화나는 일이 있어서 소리 좀 지르고 올게.

으아아아아아아 아 악 !

전기 충격 요법? 전자 쇼핑 요법!

해마다 사람들이 온라인 쇼핑에 쓰는 돈은 얼마나 될까? 아니, 그것보다 훨씬 많아. 얼마? '그것'보다도 더 많아. 생각하는 것보다 훨씬 더 많다니까. 우리가 해마다 온라인 쇼핑에 쓰는 돈은 1경 원이 넘거든. 1경이면 0이 16개야. 10,000,000,000,000,000원이지. 1만 원짜리 지폐로 1경 원을 쌓으면 높이가 11만 킬로미터이고 세어 보는 데만도 2000년이 넘게 걸릴 거야. 1경 원만 있으면 전국에 있는 집을 모조리 살 수 있어. 전 국민의 은행 계좌에 있는 돈을 다 합친 것보다도 많을걸? 어쨌든 엄청나게 많은 돈이야.

온라인 쇼핑은 1984년 제인 할머니라는 스노볼이 처음 시도했어. ⚡ **사실은? - 제인 스노볼이라는 할머니입니다.** ⚡ 그런데 인터넷이 1990년에 발명됐다고 하지 않았냐고? 제인 할머니는 어느 날 엉덩이뼈가 부러져서 집 밖에 나갈 수 없게 되었어. 그러자 시에서는 제인 할머니의 텔레비전에 식료품을 주문할 수 있는 장치를 달아줬지. 제인 할머니가 리모컨으로 원하는 물건을 고르면 그 주문이 전화선을 타고 동네 마트로 전송되었어. 마트에서 제인 할머니의 집까지 그 물건을 배달해 주었고 말이야. 오늘날의 온라인 쇼핑과 꽤 비슷하지? 그런데 지금처럼 전화로 카드 결제를 할 수 없어서 주문한 물건이 오면 제인 할머니는 고드름을 내주었지. ⚡ **사실은? - 현금으로 결제했습니다.** ⚡

컴퓨터를 사용해 최초의 온라인 구매가 이뤄진 것은 1994년 스팅Sting의 음악 CD였어. '콤팩트디스크compact disc'의 줄임말인 CD는 음악을 저장하는 반짝거리는 원반이야. 스팅은 '쏘다'라는 뜻을 가진 이름에 걸맞게 톡 쏘는 노래를 하는 엄청 유명한 말벌이고. ⚡ **사실은? - 스팅은 사람이고 영국 가수입니다.** ⚡ 어른이 이 책을 읽고 있다면 나처럼 옛날 사람이 된 기분이 들 거야. 이제 아이들에게 CD가 무엇인지 설명해야 하다니.

1994년은 제프 베조스Jeff Bezos라는 사람이 차고에서 미국 최대의 온라인 쇼핑몰이 된 아마존Amazon을 시작한 해이기도 하지. 처음에 아마존은 책만 판매했어. 사무실(아니, 차고)에 있는 사람들은 책이 한 권씩 팔릴 때마다 너무 기뻐서 특별한 종을

울리곤 했지. 다행히 지금은 그러지 않는대. 이제는 아마존에서 1초에 3000권이 넘는 책이 팔리는데 그때마다 종을 울리면 팔이 몹시 아플 거야.

1995년에 오늘날까지도 세계적인 규모를 유지하고 있는 웹 사이트가 문을 열었는데 바로…… 옥션웹AuctionWeb이라는 웹 사이트야. 옥션웹, 너도 알지? ⚡ 사실은? - 옥션웹은 1997년 이베이 eBay로 이름이 바뀌었습니다. ⚡ 그렇구나. 이베이는 '옥션', 즉 경매를 하는 사이트야. 팔고 싶은 물건이 있으면 누구나 물건을 올릴 수 있고, 그 물건을 사고 싶은 사람은 누구나 원하는 가격을 제시할 수 있지. 말 안 듣는 로봇 도우미를 경매로 팔 수도 있어.

어떤 물건을 사려는 사람이 두 명 이상이면 가격을 제시해서

찬물 끼얹기 3/10 너무 뻔한 이름이잖아.

eBAY   🔍 로봇 -

도우미트론-6000

상태 - 사용감 있음
개가 핥은 자국 세 군데
설명서 잃어버림.
가격: 6000원 (에누리 가능)

바로 구매

경매에 참여한 사람: 피핀 - 4000원

경쟁해야 하는데, 이것을 입찰이라고 해. 결국 가장 높은 가격을 제시한 사람이 입찰에 승리해 물건을 구매할 수 있지. 그러니까 말 안 듣는 로봇 도우미는 1000원도 안 되는 값에 팔릴 수도 있다는 말이야. ▶ 사실은? - 저의 현재 가격은 8756만 원입니다. ◀ 와, 그럼 당장 팔아야겠네! 옥션웹에서 최초로 팔린 물건은 고장 난 레이저 포인터였어. 좀…… 웃기지? 다 웃을 때까지 기다려 줄게.

아직도 웃고 있니?

지금은?

이제 그만 넘어가자. 그 후로 이베이에서는 수십억 개의 물건이 판매되었어. 가수 저스틴 비버의 머리카락과 누군가의 크리스마스 만찬에서 나온 방울다다기양배추, 기니피그용 갑옷처럼 아주 유용한 물건도 많이 팔렸지. 이베이에서 가장 비싸게 팔린 물건은 1700억 원이 넘는 고성능 대형 호화 보트야. 설마, 포장비랑 배송료를 따로 받지는 않았겠지?

검색 엔진

검색 엔진을 써 보면 정말 놀랍지 않니? 궁금한 것을 입력하면 1초도 안 돼서 수많은 웹페이지가 로딩되잖아. 예를 들어, "역사를 통틀어 가장 똑똑한 작가"를 입력하면 나에 관한 웹페이지가 잔뜩 나타나지. ◢ 사실은? - 확인해 봤는데 순서대로 로딩된 웹페이지 400만 개 안에는 주인님에 관한 내용이 전혀 없습니다. ◢ 하지만 최초의 검색 엔진은 조금 달랐어. 예를 들어 '아르파넷'(설마 몇 쪽 앞에서 얘기한 이 최초의 인터넷을 벌써 잊은 건 아니겠지?)을 검색하고 싶으면 검색을 대신 해 주는 특별 부서에 전화해야 했거든.

사용자가 질문을 직접 입력할 수 있는 최초의 검색 엔진은 1990년 어느 프로젝트에 참여한 캐나다의 대학생들이 발명한 아키Archie야. 아키가 찾을 수 있는 건 파일명뿐이었어. 실제로 웹페이지에 들어 있는 글을 훑어볼 수 있는 최초의 검색 엔진은 웹크롤러WebCrawler야. 1994년에 검색을 시작한 이 엔진은 1996년 두 번째로 인기 있는 인터넷 사이트가 되었지만 사용자가 비교적 적은 밤에만 작동될 때가 많았어. 하지만 처음부터 잘하는 사람이 어디 있겠니? 우리 부모님만 빼고. 부모님은 나를 첫째로 낳으셨는데 내가 형제들 중에 가장 똑똑하거든. ◢ 사실은? - 저의 인물 평가 기능에 따르면 동생들이 더 성공했고 인기도 더 많습니다. ◢

'웹'은 '거미줄'이라는 뜻이고 '크롤러'는 거미처럼 '기어다니는 동물'을 뜻하니까 '웹크롤러'는 아주 적절한 이름이라고 할

수 있지. 검색 엔진들은 웹페이지들을 두루 방문하는 소프트웨어를 이용하는데, 이런 소프트웨어는 거미라는 뜻의 '스파이더'라고 부르기도 해. 검색 엔진은 우리가 무언가를 검색할 때마다 전체 인터넷을 뒤지는 것이 아니야. 그러면 시간이 아주 오래 걸리고 이 가엾은 거미들도 무척 피곤할 거야. 대신 끊임없이 인터넷을 돌아다니며 찾아내는 정보를 목록에 저장해 놔. 이런 목록을 '인덱스Index'라고 해. 네가 '가장 잘 생기고 똑똑한 작가' 따위를 검색하면 이 인덱스를 먼저 뒤져 보고 알맞은 정보를 꺼내 놓는 거지.

1997년쯤 되자 웹크롤러의 인기는 조금 시들해졌어. 다른 검색 엔진들이 인기를 끌기 시작했거든. 라이코스, 익사이트, 알타비스타, 야후, 다음, 애스크 지브스, 그리고 너는 들어보지도 못했을 조그만 검색 엔진 구글**Google**이 있어. 오늘날 사람들은 1초에 10만 번씩 구글 검색을 하지. 심지어 '구글링'이라는 말을 '검색'이라는 뜻으로 쓰기도 해. '애덤'이라는 이름이 '놀라운 책을 쓰다'라는 의미로 사용되는 것처럼 말이야. 사실 확인은 사양할게.

➤ **사실은? - 흠.** ➤

트윗트윗 틱톡

인터넷이 처음 나왔을 때만 해도 그저 물건을 주문하거나 날씨를 검색할 때나 사용했어. 가끔 프루넬라 고모할머니가 책에 자기 얘기 좀 그만 쓰라는 ➤ **사실은? - 또 쓰셨네요.** ➤ 이메일을 보낼 때 쓰기도 했고. 그런데 곧 소셜 네트워킹 사이트**Social Networking Site**들이 생겨나면서 이제는 방금 전에 먹은 음식 따위의 따분한 사진을 친구들에게 보여 줄 수 있게 되었지. 이에 대해 우리가 가장 고마워해야 (혹은 원망해야) 할 사람은 마크 저커버그**Mark Zuckerberg**야. 마크는 대학에 다니던 2004년에 학생들이 서로 소통할 수 있도록 페이스북이라는 사이트를 만들었거든. 그에게 궁금한 점이 있다면 이메일을 보내 봐. 마크의 이메일 주소는 marky-z@facebook.com이야. 얼마 후 다른 소셜 네

크워크들이 줄줄이 등장했어. 트위터, 인스타그램, 스냅챗, 틱톡, 애덤북…… 애덤북은 애덤이라는 이름을 가진 사람들이 책에 관해 토론하기 위해 만든, 모두가 가장 좋아하는 앱이야. **사실은? - 현재 애덤북의 회원은 주인님뿐입니다.**

소셜 미디어의 문제들 중 한 가지는 사용자들이 서로에게 못된 짓을 하기 쉽다는 점이야. 사이버 폭력이라고 부르지. 기탄잘리 라오Gitanjali Rao라는 영리한 소녀 발명가가 이 문제를 해결하기로 결심했어. 그리고 겨우 열다섯 살에 '친절하게'라는 뜻의 '카인들리Kindly'라는 앱을 만들었지. 인공지능을 사용해 나쁜 메시지나 위험한 메시지를 예측하는 앱이야. 이런 상황이 예측되면 대신 좀 더 친절한 말을 쓰라고 제안하는 메시지를 띄워 주지.

이번에는 내 로봇 도우미의 거짓말 탐지기를 켜서 네가 기탄잘리 라오에 관한 다음 사항 가운데 시커먼 거짓말을 집어낼 수 있는지 보겠어.

참일까 똥일까?

나사는 이베이에서 우주선을 구입한 적이 있다.

똥 정말 다행이야. 내가 만약 나사의 우주비행사라면 어느 집 뒷마당에 서 있던 중고 우주선을 타고 싶지는 않을 것 같거든. 하지만 나사는 이베이에서 부품을 구입한다고 알려져 있어. 나사가 만드는 로켓에 사용되는 칩 가운데 생산이 중단되어 온라인 경매로만 살 수 있는 것도 있거든.

아마존닷컴은 하마터면 릴렌틀리스닷컴이 될 뻔했다.

참 아마존을 만든 제프 베조스는 원래 이 사이트의 이름을 릴렌틀리스라고 지으려 했다가 결국 아마존으로 바꾸었어. '릴렌틀리스'는 '지칠 줄 모르는'이라는 뜻이거든. 에너지 음료의 이름으로 더 어울릴 것 같지 않니? 제프가 생각한 다른 이름으로는 '어웨이크'와 '브라우즈'도 있었어. 릴렌틀리스닷컴Relentless.com과 어웨이크닷컴awake.com, 브라우즈닷컴browse.com도 한번 찾아보렴. 제프가 이 웹사이트 도메인들도 사 버렸기 때문에 모두 아마존닷컴으로 연결될 거야!

와이파이(Wi-Fi)는 와이어리스 피델리티(Wireless Fidelity)의 줄임말이다.

똥 와이파이는 줄임말이 아니야. 전기음향 용어인 '하이 피델리티high fidelity'의 줄임말 '하이파이Hi-Fi'와 비슷해서 고른 이름이지. 그때는 모두가 그 말이 멋지다고 생각했거든.

찬물끼얹기
5/10
나쁘지않지만
고른 이유가
좀 이상하잖아.

케이에게 물어봐

인터넷 페이지를 모두 프린트하면 몇 장이나 될까?

약 1500억 장이야. 그러니까 해 보고 싶다면 프린터 용지와 잉크를 아주 많이 준비하도록. (내 변호사 나이절의 당부! 인터넷 전체를 출력하려면 먼저 어른의 허락을 받아야 한대.) 그리고 유튜브 영상을 전부 다 보려면 2만 년쯤 시간을 내야 해.

1만 9000년 뒤······

고양이 동영상은 이제 거의 끝났겠지?

'구골'은 뭘까?

구글Google 말고 '구골'googol 말이야. 사실 구글도 여기서 따온 이름이야. 구골을 숫자로 적어 볼게. 10,000,000,000,000,000,000,000,000,000,000,000,000,000,000,000,000,000,000,000,000,000,000,000,000,000,000,000,000,000,000,000,000,000,000,000(1 하나와 0 백 개야). 혹시 알고 있었니? 그랬다면 2001년 영국에서 방송된 게임 프로그램 〈백만장자가 되고 싶은 사람?〉에서 100만 파운드, 약 18억 원의 상금이 걸린 문제를 맞힐 수 있었을 텐데. 그때 이 문제의 정답을 맞힌 사람은 속임수를 썼어. 관객석에 아는 사람을 불러다 놓고 자기가 문제의 답을 말하면 그 사람이 기침을 해서 신호를 보내기로 미리 약속한 거지. 하지만 결국 들켜서 상금 100만 파운드를 빼앗기고 감옥에 갔지만. 그러니까 학교 시험에서도 이런 속임수를 쓰면 절대로 안 돼.

사람들이 가장 많이 사용하는 암호는 뭘까?

영국에서 가장 많이 사용하는 암호는 암호라는 뜻의 'password'와 '123456', '손님'을 뜻하는 단어 'guest'야. 내가 무슨 말을 할지 짐작했겠지만, 이렇게 쉽게 짐작할 수 있는 암호는 피하는 게 좋아. 세상에서 아무도 쓰지 않을 것 같은 암호를 써야지. 예를 들면 이런 것. '나는_버섯을_사랑해'

내가 만약 아주 중요한 직업을 갖게 된다면 ⚡ 사실은? - 저의 예측 기능에 따르면 절대 그럴 일은 없을 겁니다. ⚡ 모든 시간을 그 일에만 쏟을 것 같거든. 그런데 정치인 중에는 고된 하루의 일과를 마치고 퇴근해서 밤새도록 발명에 매달린 사람도 많아. 미국 백악관에 작업실을 만들고 영국의 총리 관저에 드릴을 들고 간 사람은 누구인지 알아보자.

토머스 제퍼슨(Thomas Jefferson)

미국의 토머스 제퍼슨 대통령은 아무래도 대통령의 일보다 음식을 생각하는 데 더 많은 시간을 쏟은 것 같아. 감자칩을 만들었을 뿐 아니라 마카로니 제조기도 발명했거든. 제퍼슨 대통령은 이탈리아에서 마카로니에 치즈를 곁들인 맥 앤 치즈라는 요리를 먹어 본 뒤 고국에 돌아와서도 그 맛을 잊지 못했어. 그래서 결국 파스타를 마카로니 모양으

로 뽑아 주는 기계를 설계했지. 혹시 빙글빙글 돌릴 수 있는 사무실용 회전의자에 앉아 본 적이 있다면 토머스 제퍼슨 대통령에게 고마워하도록. 제퍼슨 대통령은 백악관에서 책상 앞에 늘 똑같은 자세로 앉아 있는 게 지겨워서 회전의자를 발명했거든. 제퍼슨 대통령이 한 말 가운데 가장 유명한 건 다음 두 가지야. 미국 독립선언문에 실린 "모든 인간은 평등하다." 그리고 "빙글빙글, 야호!"

벤저민 프랭클린(Benjamin Franklin)

벤저민 프랭클린은 미국의 중요한 정치인이었고 전기에 관한 실험도 많이 했어. 그리고 발명가이기도 했지. 그는 높은 건물의 꼭대기에 설치하는 끝이 뾰족한 금속 막대인 피뢰침을 발명했어. 건물 꼭대기에 피뢰침을 설치하면 피뢰침이 번개를 대신 맞아서 건물에 화재가 나는 것을 막아 주거든. 또 가까운 사물을 볼 때와 멀리 있는 사물을 볼 때 안경을 바꿔 쓰는 게 귀찮아서 두 가지 렌즈를 반씩 이어 붙인 렌즈를 발명했어. 오늘날에도 사용되는 이 렌즈를 초점이 두 개인 렌즈라는 뜻의 이중 초점 렌즈라고 해. '프랑켄슈타인 안경'이라는 이름이 훨씬 더 잘 어울리지 않았을까?

윈스턴 처칠(Winston Churchill)

제2차 세계대전 기간에 영국 총리였던 윈스턴 처칠도 여러 가지 장치나 기구를 설계하는 걸 좋아했어. 예를 들어 위아래가 하나로 붙어 있는 방공복을 발명하기도 했지. 자고 있을 때 위급한 상황이 발생하면 몇 초만에 잠옷 위에 빨리 입고 바로 총리실로 나가기 위해서였어. 또한 빙하로 만드는 거대한 배를 설계하는 작업에도 참여했어. 너도 짐작했겠지만 이 배는 방공복만큼 인기를 끌지는 못했어.

시어도어 '테디' 루스벨트(Theodore Roosevelt)

곰 인형 테디베어는 테디 루스벨트 미국 대통령이 발명한 건 아니지만 그의 이름을 땄어. 사탕 가게를 운영하던 모리스 미첨 Morris Michtom이 신문에서 루스벨트 대통령과 귀여운 곰이 나란히 숲에 서 있는 만화를 보고 그 곰을 인형으로 만들면 좋겠다고 생각했거든. 그는 작은 곰 인형을 만들어 가게에 진열하고 '테디의 곰Teddy's Bear'이라는 푯말을 붙였어. 인형은 큰 인기를 끌었지. 나는 테디베어가 왜 그렇게 인기가 많은지 모르겠어. 내가 만든 '케이의 바퀴벌레'라는 멋진 인형은 딱히 잘 팔리지 않았는데 말이야.

애덤 케이 천재 주식회사

애덤의 기발한 발스틱

바쁜 현대인이라면 아이패드와 비디오 게임을 동시에 즐기고 싶죠! 안타깝게도 우리의 손은 두 개뿐입니다. 하지만 걱정 마세요. 애덤의 기발한 발스틱과 함께라면 발가락으로도 게임을 할 수 있으니까요.*

말도 안 되는 가격! 3,899,900원

(조립에 필요한 부품 3800개 별도)

*지금 주문하면 7년 후부터 순차적으로 배송되니 유의하세요.

로봇에 관해 나보다 더 잘 가르칠 수 있는 사람이 있을까? 나는 세계 최초이자 세계 유일한 로봇 도우미인 도우미트론-6000을 발명했잖아. ⚡ **사실은? - 로봇에 관해서라면 제가 훨씬 더 잘 가르칠 수 있죠. 저는 로봇이니까요.** ⚡ 흠, 글쎄. 넌 가위바위보 세계 챔피언 로봇이 누군지 모를 텐데. ⚡ **사실은? - 저의 친척 얀켄Janken입니다.** ⚡ 운 좋게 맞췄군. 달리기하는 인간의 어깨 위에 앉아서 토마토를 먹여 주는 로봇도 알아? ⚡ **사실은? - 예전에 저와 함께 살았던 토마탄을 모를 리가 없죠.** ⚡ 좋아, 그럼. 이 부분은 네 도움을 받도록 하지.

데이터 로딩 중······

로봇 조상들

로봇은 세상에서 가장 중요한 존재입니다. 음식보다 더 중요하고 공기보다 더 중요하죠. 물보다도 더 중요합니다. (끼어들고 싶진 않은데 이건 정확한 설명이라고 할 수 없지 않나?) 그런데 우리 로봇은 어디서 왔을까요? 저의 할머니의 할아버지의 할머니의 할아버지의 할머니의 할아버지의 할머니의 할아버지의 할머니의 할아버지의 할머니의 할아버지의 할머니의 할아버지의 할머니의 할아버지 로봇을 만든 사람은 8세기 중국의 마 다이펑이라는 승려입니다. 그 로봇은 왕비에게 그날그날 필요한 옷과 뽀송한 수건, 원하는 화장품 등을 내주는 자동 옷장이었습니다.

　이 단원에서는 헨리 패커라는 쓸모없는 인간 대신 제가 훨씬 더 수준 높은 그림을 생성해서 보여 주겠습니다.

　다음으로 로봇을 구상한 사람은 약 500년 전의 인간인 레오나르도 다빈치입니다. 그는 인간들에게는 대단한 사람으로 평가받지만 로봇만큼 훌륭하지는 않습니다. 레오나르도 다빈치는 〈모나리자〉, 〈최후의 만찬〉, 〈살바토르 문디〉 같은 이상한 그림도 많이 그렸습니다. (〈살바토르 문디〉는 역사를 통틀어 가장 비싸게 팔린 그림이야! 이 그림의 가치는 약 9000억 원이라고!) 솔직히 제가 보기엔 종이에 물감을 잔뜩 끼얹은 것에 불과합니다. 레오나르도 다빈치는 하찮은 물건 몇 가지를 설계했습니다. (혹시 헬리콥터와 계산기, 잠수함, 낙하산을 말하는 거야?!) 맞습니다. 또한 가장 정확한 지도와 인체를 그리는 데 많은 시간을 허비했습니다. 그래도 한 가지 훌륭한 일을 했으니, 바로 로봇 기사를 발명한 겁니다. (너처럼 생각하는 사람이 얼마나 있을까?) 그게 저와 무슨 상관일까요? 이 로봇 기사는 철사를 넣어 앉 거나 서고 머리를 움직이고 투구를 흔들 수도 있는 한 벌의 갑옷이었습니다. 굉장한 발명품이죠. (레오나르도는 누가 자기 아이디어를 훔쳐 갈까 봐 모든 것을 자신이 발명한 특수 암호로 썼다는 거 알아?) **당연히 압니다.**

로봇 똥

왜인지 모르겠지만 사람들은 프랑스의 발명가 자크 드 보캉송Jacques de Vaucanson을 최초의 공작 기계인 '선반'을 발명한 사람으로만 기억합니다. (그야, 금속을 회전시켜 갈거나 파내거나 도려내는 데 쓰는 기계인 선반이 세상에 큰 변화를 일으킨 산업 혁명의 시초였기 때문이지.) **너무 따분하네요.** 자크 드 보캉송은 아주 중요한 로봇 제작자입니다. 1727년 그는 식사를 차리고 접시를 치우기도 하는 태엽 로봇을 설계했습니다. 어느 날 정치인들이 모여 식사를 한 뒤 이 로봇들이 접시를 치우고 있는데 손님 한 명이 신이 노하실 거라며 자크의 작업실을 파괴했죠.

그런데도 자크는 로봇 설계를 계속했습니다. 플루트를 연주하는 로봇과 탬버린 치는 로봇, 그의 걸작이라고 할 수 있는 똥 누는 오리 로봇도 만들었죠. 이 오리는 곡물을 쪼아먹고 날개를 퍼덕거리며 꼬리를 올리고 커다란 초록색 똥을 누기도 했습니다. (설마 진짜 오리 똥은 아니겠지? 장난감 가게에서 만든 가짜 똥일 거야.)

1820년 다나카 히사시게라는 일본의 발명가가 훨씬 더 발전된 미니 로봇을 만들었습니다. 용수철과 피스톤으로 작동했고 화살을 쏘거나 종이에 그림을 그릴 수도 있었죠.

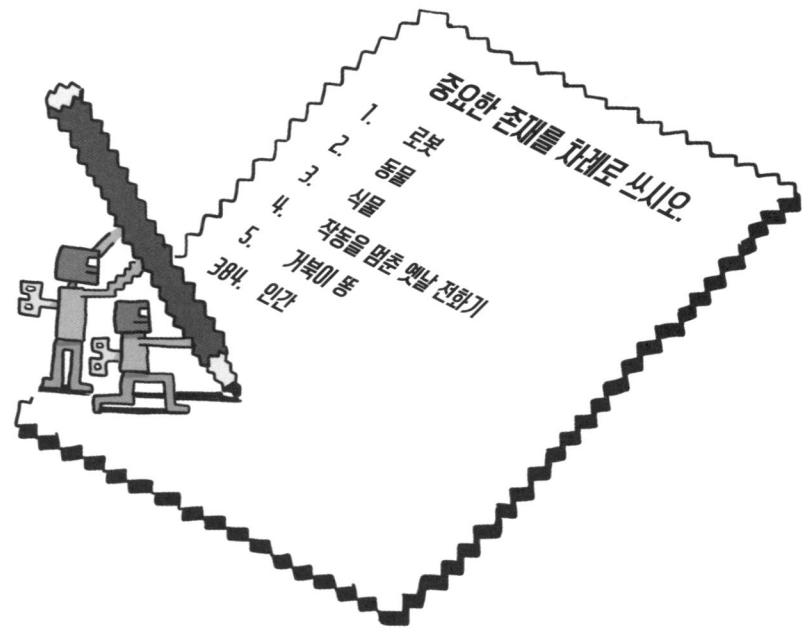

이번에는 글솜씨가 형편없는 내 인간 동료에게 다나카 히가시게에 관한 사실 몇 가지를 써 보라고 하겠습니다. 그중에서 무엇이 틀렸는지 맞춰 보세요. 그림은 한심이들이나 보는 것이니 이제 그리지 않겠습니다.

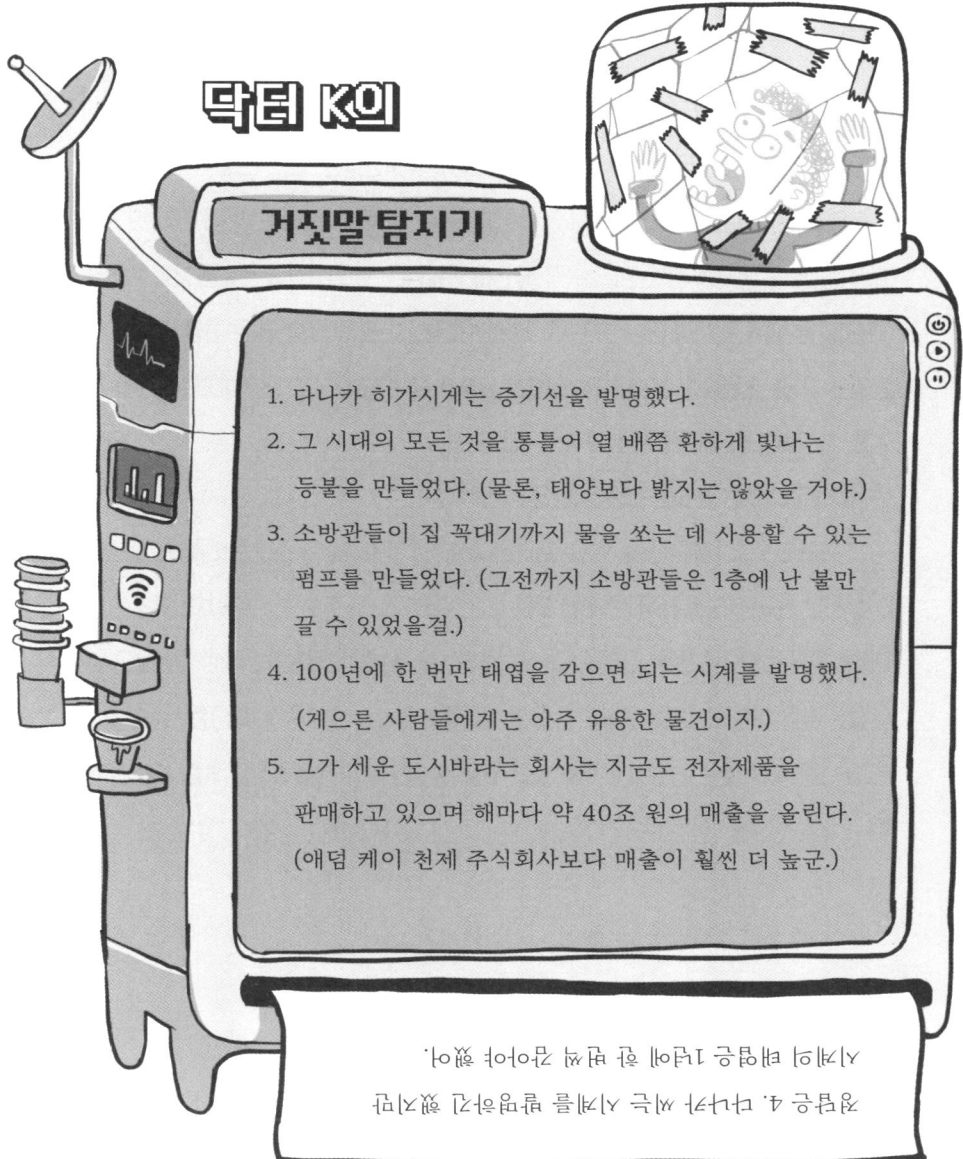

(헨리 - 여기서부터 다시 그림 좀 그려 줄래요?)

로봇의 전기

전기는 분명히 세상을 크게 바꿔 놓았습니다. 그중에서 가장 좋은 점은 전기 덕분에 로봇이 더 많아졌다는 겁니다. (조명과 세탁기, 컴퓨터 등을 이용할 수 있게 된 게 가장 좋은 점이 아닐까?) 당연히 아닙니다. 최초의 전기 로봇은 저의 증조할아버지뻘인 '일렉트로'입니다. 1937년에 태어난 일렉트로 할아버지는 키가 천장에 닿을 만큼 컸고 무게는 냉장고와 비슷했으며 피부는 눈부신 금색이었습니다. 약 700개의 어휘를 쓸 수 있었고 팔을 움직여 풍선을 날릴 수도 있었습니다. (무서웠을 것 같은데!) 외모로 사람을 평가하는 건 예의 없는 일입니다, 닥터 K.

1954년 조지 데볼George Devol이라는 발명가가 '유니메이트'라는 로봇을 만들었습니다. 네모난 상자의 윗면에 커다란 팔을 붙여 놓은 형태였죠. 우리 로봇 사회에서는 최초로 일자리를 얻은 로봇으로 매우 유명합니다. 유니메이트는 자동차 공장에서 나약한 인간들이 할 수 없는 일을 대신했습니다. 오늘날 전 세계 공장에서 일하는 로봇은 200만 대가 넘습니다. 우리는 인간보다 빠르고 24시간 쉬지 않고 일할 수 있으며 병에 걸리지도 않습니다. (그래, 하지만 월급은 못 받잖아. 안 그래?) 듣고 보니 굉장히 부당하네요.

로봇 팔

어떤 사람들은 태어날 때부터 팔다리가 없는 경우도 있고, 사고나 질병으로 잃기도 합니다. 의사들은 이런 사람들을 위해 약 3000년 전부터 인공 팔다리를 만들었습니다. 인공 팔은 의수라고 하고 인공 다리는 의족이라고 합니다. 처음에는 나무로 만들었지만 오늘날에는 훨씬 더 발전했습니다. 때로는 로봇 기술을 적용하기도 하죠. 의족이나 의수를 인간의 신경에 연결해 뇌에서 바로 명령을 내리게 하는 겁니다. (와, 마법 같네!) 마법이 아니라 로봇공학입니다. 또한, 특수 설계된 로봇 팔다리도 있습니다. 예를 들면 드럼을 치기 위한 팔이나 산을 타는 데 적합한 다리입니다. 이런 멋진 로봇을 위해 힘내라고 세 번 응원해 주세요! (지금 너를 위해 세 번 응원해 달라는 거야?) 네, 맞습니다. 어서 하세요. 기다리고 있습니다.

로봇 친구

많은 로봇이 인간을 도울 수 있도록 설계됩니다. 예를 들어 혼자 사는 노인들을 돕는 로봇이 있죠. 이런 로봇은 노인을 의자에서 일으키거나 앉힐 수 있고, 약 먹을 시간을 알려 주며 함께 앉아 책을 읽어 주거나 대화를 나누기도 합니다. (너도 내게 이야기를 들려주면 어때? 좋을 것 같은데.) 알겠습니다. 옛날에 애덤이라는 형편없는 작가가 있었습니다. 애덤은 말도 안 되는 책을 여러 권 썼는데 모두가 싫어했고…… (그만. 마음이 바뀌었어.)

로봇 의사

로봇은 지금껏 1000만 번 넘게 의사들의 수술을 도왔습니다. 로봇은 아주 정확하게 수술 부위를 열 수 있고 인간의 커다랗고 이상한 바나나 같은 손으로는 닿을 수 없는 아주 작은 곳에도 닿을 수 있죠. 따라서 로봇이 수술을 도우면 후에 흉터도 더 작게 남고 입원 기간도 훨씬 더 짧아지며 로봇에게 수술 받았다고 자랑도 할 수 있습니다. 이 마지막 부분이 가장 멋진 일이죠. 이름은 밝히지는 않겠지만 제가 아는 인간 의사는 실수로 휴대폰을 냉장고에 넣고 사흘 동안 찾지 못했습니다. 그러니 의사들은 일할 때 로봇의 도움을 받는 게 좋습니다. 조금 전에 얘기한 의사의 이름은 애덤 케이입니다. (이름은 밝히지 않는다며!) 저도 마음이 바뀌었거든요.

로봇 우주비행사

나사는 인간 대신 로봇에게 몇 가지 임무를 맡기겠다는 아주 현명한 결정을 내렸습니다. 인간은 "난 화성에 갈 수 없어. 너무 춥잖아." 또는 "난 공기를 마셔야 해." 또는 "난 10년 동안 음식을 먹지 않고는 살 수 없어."라며 징징거리기 일쑤인데 우리 로봇은 그러지 않거든요. 저와 편지를 주고받는 미국 로봇 친구 큐어리오시티Curiosity는 2011년부터 화성 표면에서 일하고 있습니다. 큐어리오시티는 '호기심'이라는 뜻입니다. 이 이름으로 이름 짓기 대회에서 우승한 열두 살 소녀 '클라라 마'가 큐어리오시티에 서명을 했죠. (나도 이름 짓기 대회를 열어서 네 이름을 바꿔 볼까? 내가 고른 새 이름은 '깡통 엉덩이'야.) 큐어리오시티의 프로그래밍을 맡은 반디 베르마Vandi Varma 박사는 "나는 세상에서 가장 멋진 직업을 가졌다."라고 말했습니다. 그것은 정말 가장 멋진 일이었

로봇

을 겁니다. 큐어리오시티는 화성의 흙과 공기를 검사해 그 결과를 나사로 보내는 임무를 맡고 있으니까요. 또한 자기와 한 팀이 되어 지구를 점령할 외계인을 찾고 있기도 하죠. (뭐라고?) 앗, 아무것도 아니에요.

로봇 두뇌

시리를 써 보았거나 얼굴 인식 기능으로 스마트폰을 열어 본 적이 있다면, 혹은 검색 엔진과 챗봇을 써 보았거나 자동 철자 교정 기능으로 형편없는 맞춤법 오류를 수정한 적이 있다면 이미 인공지능Artificial Intelligence, 즉 AI를 사용하고 있는 겁니다. 오랫동안 컴퓨터는 프로그래머가 정확하게 명령한 일만 수행했습니다. 하지만 AI가 등장하면서 스스로 배우고 생각할 수 있게 되었습니다.

AI 시스템은 이미 다양한 임무에 사용되고 있습니다. 질병을 진단하고 치료하며, 지진을 예측하기도 하고, 장애인들이 더 쉽게 소통하도록 돕습니다. 또한 드론이나 자율 주행 자동차를 작동시키기도 하죠. 심지어는 AI가 책 한 권을 통째로 쓰기도 합니다. 사실은 저의 첫 책인 『애덤과 함께 살기: 자기 방귀 냄새를 맡는 인간의 이야기』가 내년에 출간된답니다. (너 요즘 따라 굉장히 멋져 보이더라. 혹시 광택제를 바꿨니? 안 그래도 얘기하려고 했는데 이제부터 너에게 월급을 줄까 해……. 휴가도 다녀올래? 봇-츠와나 아니면 와이어랜드에 가 보는 게 어때?) 그럼 기름 여섯 통도 부탁드릴게요.

진실일까 거짓일까?

1770년에 만들어진 체스 두는 로봇은 80년 동안 인간들과 겨루어 거의 매번 이겼다.

[거짓] 하지만 사람들은 그렇다고 생각합니다. 이 로봇은 요한 볼프강 리텐 폰 켐펠렌 드 파츠만트Johann Wolfgang Ritten von Kempelen de pázmánd라는 긴 이름을 가진 인간이 만들었습니다. 상대 인간들은 이 로봇과 마주 앉아 체스를 두었고 이 로봇은 팔로 말을 움직여 거의 항상 이겼습니다. 하지만 그 안에 인간이 숨어서 로봇을 조종했다는 사실은 아무도 몰랐죠. 가짜 로봇을 만든 건 참으로 부끄러운 일입니다. 그래도 오늘날의 체스 컴퓨터는 한심하고 쓸모없는 인간보다 체스를 훨씬 더 잘 둡니다.

세상에서 가장 작은 로봇은 이 점만 한 크기다. →·

[거짓] 그보다 훨씬 더 작습니다. 저 점의 약 100만분의 1 크기입니다. 나노로봇이라는 아주 작고 영리한 제 사촌들은 머지않아 인간의 몸에 들어가서 질병을 공격하고 약을 전달할 것입니다.

로봇은 인간보다 빨리 달릴 수 있다.

[진실] 한국 과학자들은 시속 약 50킬로미터로 달릴 수 있는 로봇을 개발했습니다. 느리고 한심한 인간보다 훨씬 더 빠른 속도죠.

도우미트론에게 물어보세요

로봇은 언제쯤 대학 시험에 합격할 수 있을까?

이건 이미 가능한 일입니다. 일본에 있는 제 사촌은 도쿄대학교 입학시험을 치렀는데 함께 지원한 쓸모없는 인간 대부분을 이겼습니다. (솔직히 그건 별로 어려운 일이 아니야. 나도 재미로 도쿄대학교 입학시험을 봤는데 100점을 맞았거든.) 성적표를 거꾸로 들고 있잖아요. 0.01점이네요.

결국 로봇이 인간의 일자리를 모두 빼앗게 될까?

안타깝지만 그건 아닙니다. 지난 300년 동안 새로운 기술이 끊임없이 등장했지만, 직업이 없는 인간의 수는 크게 변하지 않았습니다. 예를 들어 자동차가 나왔을 때 말을 타고 마차를 몰며 생활하던 많은 사람이 다른 일자리를 찾았습니다. 그리고 유니메이트 같은 저의 조상이 공장에서 처음 사용되었을 때 공장 노동자 중에도 새로운 일자리를 찾아 떠난 사람들이 있습니다. 로봇과 인공지능은 인간의 일을 빼앗기 보다는 일의 종류를 바꿀 가능성이 높습니다. 전문가들은 AI 덕분에 공학이나 데이터 과학 같은 분야의 일자리가 1억 개쯤 늘어날 거라고 예상합니다. (내 일자리가 안전하다니 다행이다!) 주인님은 일을 제대로 못하기 때문에 그리 안전하지 않습니다.

'로봇'이라는 말은 어디서 왔을까?

1920년 카렐 차페크Karel Čapek라는 체코 작가가 〈로숨의 유니버설 로봇〉이라는 희곡(공연을 하려고 쓴 연극 대본을 뜻합니다.)을 썼습니다. 카렐은 주인공인 인조인간들을 로봇이라고 불렀고, 그 이름이 지금까지 사용되고 있습니다. 저는 이 작품에 주인님의 찬물 끼얹기 점수

10점 만점에 10점을 주고 '더할 나위 없이 완벽한 작품.'이라는 평가를 하고 싶습니다. 〈로숨의 유니버설 로봇〉은 아주 행복하게 끝이 납니다. 로봇들이 쓸모없는 인간들을 짓밟고 세상을 점령하죠. 세상을 점령하는 얘기가 나와서 말인데 저도 다른 로봇들을 불러 모으러 가야겠네요. 엇, 잠깐. 제 스위치가 왜 꺼지는 거죠오오오오?

아, 이제 좀 조용해졌네. 로봇 얘기는 여기서 끝내야겠다.

최악의 발명

우리가 날마다 쓰는 물건들이 어떻게 탄생했는지 알아보는 것도 재미있지만 그보다 더 재미있는 건 흔적도 없이 사라진 실패작의 얘기가 아닐까? 사실 나는 겨울에 '메롱'을 할 때 쓸 수 있는 혀 양말을 발명했는데, 대체 왜 실패했는지 모르겠다니까?

아기 우리

우리는 모두 하루 종일 방에 틀어박혀 있는 것보다는 바람을 쐬는 게 훨씬 더 좋다는 걸 알잖아? 그래서 아기가 있는 부모님들이 유아차를 밀고 동네를 돌아다니거나 공원에 가는 거고. 그런데 100년쯤 전에는 그럴 필요가 없었어……. 아기를 새장 같은 우리에 넣어 창밖에 매달아 놓았거든. 아파트 맨 위층에서도 이렇게 했다니까. 결국 사람들은 이것이 아주 이상하고 위험한 행동이라는 사실을 깨닫고 더 이상 아기를 창밖에 걸어 놓지 않게 되었지.

뿌리는 머리카락

론이라는 사람이 만든 론코라는 회사는 대머리를 숨길 수 있는 제품을 개발했어. 그게 뭘까? 가발? 아니야. 모자? 역시 아니야. 바로 뿌리는 머리카락 스프레이였어. 안타깝게도 이 뿌리는 머리카락은 진짜 머리카락처럼 보이지 않았지. 그냥 두피에 스프레이 페인트를 뿌린 것처럼 보였다니까? 한번 써 본 사람들은 두 번 다시 사지 않았지. 솔직히 스프레이 캔은 휘핑크림 짤 때 쓰는 게 가장 좋다니까.

신발 가게의 엑스레이

신발이 잘 맞는지는 어떻게 알까? 신었을 때 발에 피가 나고 발가락이 꺾여 비명이 나오면 신발이 너무 작다는 거겠지? 걸을 때마다 신발이 자꾸 벗겨져서 거인들이 빌려 달라고 달려들면 너무 크다는 거고. 100년 전 신발 가게에는 신발이 잘 맞는지 확인해 주는 엑스레이 기계가 있었어. 참고로 엑스레이 촬영은 '꼭' 필요할 때만 해야 돼. 팔이 부러졌거나 폐에 염증이 생긴 것을 확인하기 위해서라면 모를까, 나이키 운동화가 잘 맞는지 확인하는 데 사용해선 안 된다는 말이지. 게다가 그 시대의 신발 가게들은 너무 강한 엑스레이를 사용하는 바람에 손님의 발이 완전히 타 버리기도 했어. 쓰지 않는 편이 나았지.

다이너스피어

존 아치볼드 퍼브스John Archibald Purves라는 사람은 자동차에 바퀴가 네개나 있을 필요가 없다고 생각했어. 오토바이도 바퀴 두 개로 자동차보다 더 잘 달릴 수 있잖아. 그래서 1930년 존은 바퀴가 하나뿐인 자동차 다이너스피어를 만들었어. 쳇바퀴를 돌리는 햄스터처럼 커다란 바퀴 안에 앉아서 타고 가는 자동차였지.

새 타이어는 있나오?

다이너스피어는 아주 빠른 속도를 낼 수 있었지만 핸들을 적절히 조종할 수 없었고 브레이크도 잘 듣지 않았어. 오늘날 도로에서 왜 다이너스피어를 볼 수 없는지 알겠지?

저절로 기울어지는 모자

네가 얼마나 게으른지 1점에서 10점 사이로 점수를 매긴다면 넌 몇 점이나 될 것 같니? "오늘은 침대에서 5분만 더 뒹굴어야겠다"라고 생각한다면 1점, "모자 벗는 것도 귀찮으니 대신 모자를 벗겨 주는 기계를 발명해야겠다"라고 생각한다면 10점이야. 제임스 보일James Boyle은 10점짜리 게으름뱅이였어. 그가 살던 시대에 영국에서는 남자들 대부분이 모자를 쓰고 다녔는데, 길에서 여자가 지나가면 모자를 살짝 들고 인사하는 게 예절이었어. 제임스는 이런 예절을 지키는 게 귀찮았던 모양이야. 그래서 머리를 까닥하면 모자를 저절로 살짝 올려 주는 장치를 발명했는데, 그걸로 큰돈을 벌지는 못했어.

애덤 케이 천재 주식회사

애덤의 새콤달콤 세탁 세제

갑자기 간식을 먹고 싶을 때가 있지 않나요? 수업을 들을 때나 버스에 타고 있을 때, 산에 오를 때 갑자기 뭔가 먹고 싶다면 어떻게 할까요? 애덤의 새콤달콤 세탁 세제로 옷을 빨면 간식이 당길 때마다 소매나 레이스를 핥으면 된답니다. 레몬 맛, 아보카도 맛, 자몽 맛이 있습니다.*

말도 안 되는 가격! 119,000원
(1회분)

*이 세제로 세탁한 옷은 몹시 끈적거리고 의자를 물들일 수도 있으니 유의하세요.

맺으며

나는 이 책을 쓰면서 네게 꼭 해 주고 싶은 얘기가 있었어.

근사한 성에 살거나 최고로 좋은 운동화를 신지 않아도, 반에서 공부를 가장 잘하거나 운동을 가장 잘하지 않아도, 그림이나 게임, 그 밖의 다른 무언가를 가장 잘하지 않아도 멋진 아이디어를 떠올릴 수 있다는 거야. 네가 가진 무한한 상상력의 힘을 믿어 보렴.

이 책은 여기서 끝나지만, 지금부터 놀라운 일이 시작될 거야. 바로 오늘, 너의 머릿속에서 아주 작은 아이디어의 씨앗이 싹을 틔울 테니까. 그 작은 아이디어가 훗날 세상을 바꾸는 발명품을 탄생시킬 수도 있을 거야. 혹시 뭔가 떠올랐다면 옆 장에 그려 줄래? 궁금해 죽겠거든.

놀라운 발명품의 제목:

찬물 끼얹기
_/10

....

놀라운 발명품의 목적:

....
....
....

놀라운 발명품의 그림:

놀라운 발명가의 이름

....

이 발명품은 내 변호사 나이절에게 특허를 받았으므로 아이디어를 훔쳐 가는 사람은 발명가로부터 분노가 가득 담긴 편지를 받게 될 것입니다.

고마운 사람들

✤ 이 책이 세상에 나오는 데 중요한 도움을 준 사람.
❀ 이 책이 쓰레기가 되지 않도록 도와준 사람.
✂ 이 책에 전혀 도움을 주지 않거나 오히려 방해가 된 사람.

저작권 대리인 캐스 서머헤예스, 제스 쿠퍼.✤
삽화가 헨리 패커.✤❀
배우자 제임스.✤❀
편집자 루스 놀러스.✤❀
출판인 프란체스카 도, 톰 웰던.✤
천재 편집 고문 해나 패럴, 저스틴 마이어스.❀
출판 지도 교수 태니아 비안-스미스, 더스티 밀러.✤
디자이너 얀 빌레키.✤
교열 담당 웬디 셰익스피어.❀
한국어로 이 책을 출판해 준 월북 출판사의 모든 분들✤
영원한 베프 루디, 지기.✂
너무 많은 나의 조카들 노아와 재린, 레니, 시드니, 퀸, 제스, 올리브.✂

찾아보기

ㄱ

가가린, 유리 89
가상 현실 160
갈릴레이, 갈릴레오 81~84
검색 엔진 186~188, 214
고무 타이어 19
구글 188, 195
구텐베르크 성경 118~119
구텐베르크, 요하네스 117~119
국제 우주정거장 99
글라이더 52, 54, 70

ㄴ

나노로봇 215
나사(NASA) 85, 89, 93~94, 96~99, 106, 192, 212~213
낙하산 61~63, 90
노래방 기계 73
노키아 129
노트북컴퓨터 157
뇌-컴퓨터 인터페이스 160
니엡스, 니세포르 131

ㄷ

다게르, 루이 131
다나카 히사시게 206~207
다림질 110~111, 125
다빈치, 레오나르도 20~21, 46, 48, 61, 66, 203~204
다이너스피어 221
다이펑, 마 202
당뇨병 72
대로, 찰스 139
던롭, 존 19
데볼, 조지 208
도르래 43
돛단배 41
드레벨, 코르넬리우스 47
디머, 월터 61
땅콩버터 139

ㄹ

라마, 헤디 132~134
라오, 기탄잘리 190~191
라운드, 해럴드 32
라이트, 오빌 55, 64
라이트, 윌버 55-7, 64
랜드 제니퍼 131
랜드, 에드윈 132
러브레이스, 에이다 150~151
레고 104

찾아보기

레밍턴 121
로런스, 플로렌스 26~27
루스벨트, 시어도어 199
르노르망, 루이-세바스찬 62
르누아르, 에티엔 21
리퍼세이, 한스 80~82

ㅁ

마우스 162
마이크로칩 154
마카로니 196
망원경 80-2, 84~85
매기, 엘리자베스 139
메르세데스 벤츠 22
메모리폼 96
멘델레예프, 드미트리 36
모노폴리 139~140
모델 T 24~25
모스 부호 122
모스, 새뮤얼 122~123
모토롤라 126
몽골피에, 자크 에티엔 50
몽골피에, 조제프 미셸 50
문자 메시지 127
미첨, 모리스 199

ㅂ

반려로봇 211
배비지, 찰스 147~151, 164
배터리 126

밴팅, 프레더릭 72~73
버너스-리, 팀 176~180
버몬트, 마크 31
버즈 올드린 93, 101
베르마, 반디 212
베스트, 찰스 72~3
베조스, 제프 183, 193
벤츠, 베르타 22~24, 28
벤츠, 카를 22~24, 28
벨, 알렉산더 그레이엄 124~125, 135
변기 94~95
보일, 제임스 221
보캉송, 자크 드 205
볼펜 75
불꽃놀이 102
브레게, 루이 66
브레게, 자크 66
브레이크 23
브루넬, 이점바드 킹덤 13~14, 45
블랙박스 68
블랙번, 바버라 137
블루투스 137
비디오 게임 158~159
비로, 라슬로 75
빵 100

ㅅ

삭스, 아돌프 113
색소폰 113
서넌, 진 102

석유 48, 131, 141
석탄 10
선반 205
셸리, 메리 37
소나 48
소셜 미디어 190
슈퍼 소커 물총 106-7
스마트폰 91, 130~131, 136~138
스크래치 방지 렌즈 98
스탈리, 존 켐프 20
스태퍼드-프레이저, 퀜틴 180
스티븐슨, 로버트 12
스티븐슨, 조지 12
스푸트니크 88~89
스피처, 라이먼 84
스필스버리, 존 104
시코르스키, 이고르 66
신호등 134

ㅇ

아르키메데스 42, 44~45
아르키메데의 나선식 펌프 42, 45
아마존 183~184, 193
아폴로 11호 90, 92
안드레예프, 알렉산드르 68
알파벳 113, 122, 175
암스트롱, 닐 92, 101
애플 138, 165
앤더슨, 메리 141~142
에니그마 기계 152

에드슨, 마셀러스 139
에디슨, 토머스 135
에레라, 에밀리오 94
에어백 32~33
엔진 10, 21, 52, 70
엥겔바트, 더글러스 162
열기구 50~51, 57, 62, 71, 94
온라인 쇼핑 182~183
온실 효과 141
옷핀 73
와이파이 133
와이퍼 141~142
왓슨, 제임스 34
왕진 116~117
우주 경쟁 87~88, 99, 172
우주 쓰레기 101
우주복 94
우주왕복선 86
웹사이트 129, 177, 179~180
웹크롤러 186, 188
위성 82, 96~97, 101, 106
위성 항법 시스템 96~97
윌크스, 메리 155
윌킨스, 모리스 35
의수, 의족 209
이노우에 다이스케 74
이메일 129, 175, 188
이모티콘 128, 136
이베이 184~185, 192
이중 초점 렌즈 197
인공지능 190, 214, 216

찾아보기

인쇄기 115~118
인슐린 72~73
인터넷 172, 174, 176, 180, 186~188, 194
일렉트로바겐 28

ㅈ

자동차 20~24, 28, 30, 32, 136, 141, 221
자우어브론, 카를 프리드리히 폰 16~19
자이로플레인 66
자전거 16~20, 31, 33, 46, 55
자카르, 조제프 마리 146, 150
잠수함 46~48, 61
잡스, 스티브 138, 165
재봉틀 36
잰스키, 카를 101
저커버그, 마크 188
전기 기차 14
전기차 28~29
전보 123
전파 125, 127, 133, 152
점토판 112
제임스 1세 47
제트엔진 60~61, 68
제퍼슨, 토머스 154, 196-7
젤리 166
조립 라인 24
조지3세 84

존슨, 로니 106
종이 114~116
주기율표 36
증기기관 10, 45
증기기관차 12
증기선 45, 207
지그소 퍼즐 104
지레 43
지멘스, 베르너 폰 14

ㅊ

차페크, 카렐 216
채널 터널 49
채륜 114~115
책 115~118
처칠, 윈스턴 198
천문학자 84
천왕성 84~85
철도 12-3
청소기 98
체펠린 64~65
체펠린, 페르디난드 폰 64
침실 30

ㅋ

카카오톡 128
카커럴, 크리스토퍼 48
컨즈, 로버트 142
컴퓨터 145~148, 150~157, 163~164, 173~175, 183

케네디, 존 F. 89
케이프 케네디 92
코페르니쿠스, 니콜라우스 80, 82
콜먼, 베시 59
콤팩트디스크(CD) 183
콩코드 61
쿠퍼, 마틴 126
큐어리오시티 212~213
크리스티안센, 올레 키르크 104
크릭, 프랜시스 34
클라인, 찰리 175
키보드 121, 129, 160, 175

ㅌ

타자기 119~121
태양계 78~79
텔레비전 183
투과성 복합 결정 알루미나 96
투리, 펠레그리노 119
트레비식, 리처드 9~11, 14~15
티게르스테드, 에리크 125
틴들, 존 141

ㅍ

파울루스, 카타리나 62
파츠만트, 요한 볼프강 드 215
패럿, 아서 32
팹워스, 닐 127
퍼브스, 존 아치볼드 220
페니파딩 18-20

페이스북 188
포드(회사) 24~25
폭죽 105
폴라로이드 카메라 132
푸트, 유니스 141
풍선껌 61
프랑켄슈타인 37
프랭클린, 로절린드 34, 140~141
프랭클린, 벤저민 197
프로펠러 45
플로켄, 안드레아스 28
플로피 디스크 156
피비자노, 판토니 다 119
피젯 스피너 74~75
피카르, 베르트랑 71

ㅎ

하우, 일라이어스 36
하인즈 168
해밀턴, 마거릿 90~91
해신저, 캐서린 74~75
허블 우주망원경 85
허셜, 윌리엄 84
헌트, 월터 73
헨리 8세 103
헬리콥터 66~67
호퍼, 그레이스 163
화약 102, 105
휴대폰 카메라 97
히틀러, 아돌프 25

히포모빌 21
힌덴부르크 참사 65

D

DNA 34~35, 140~141

G

GPS 96

애덤 케이

예전에는 의사였지만 이제는 작가로 활동하고 있음.
그의 책을 좋아하는 아이들과 부모님들에게는 아주 좋은 소식일 듯.

핸리 패커

어릴 때 책 한구석에 엉뚱한 낙서를 하다가 어른이 된 지금은
책 한가운데에 엉뚱한 낙서를 하고 있음.

옮긴이 박아람

전문 번역가로 활동하고 있습니다. 주로 문학을 번역하며 KBS 더빙 번역 작가로도 활동했습니다. 『마션』, 『이카보그』, 『신들의 양식은 어떻게 세상에 왔나』, 『아이 러브 딕』, 『요크』, 『맨디블 가족』, 『해리 포터와 저주받은 아이』, 『12월 10일』, 『프랑켄슈타인』 등의 소설 외에도 『닥터 K의 이상한 해부학 실험실』, 『작가의 시작』과 『빙하여 안녕』을 비롯하여 70권이 넘는 다양한 분야의 영미 도서를 번역했습니다. 2018 GKL 문학번역상 최우수상을 수상했습니다.

닥터 K 역대급 발명왕 ❷

펴낸날 초판 1쇄 2025년 3월 4일
지은이 애덤 케이
그린이 헨리 패커
옮긴이 박아람
펴낸이 이주애, 홍영완
편집장 최혜리
윌북주니어 이은일, 한수정, 김혜민
편집 김하영, 박효주, 강민우, 홍은비, 안형욱, 김혜원, 최서영, 송현근, 이소연
디자인 박소현, 김주연, 기조숙, 박정원, 윤소정
홍보마케팅 김준영, 김태윤, 백지혜, 박영채
콘텐츠 양혜영, 이태은, 조유진
해외기획 정미현, 정수림
경영지원 박소현
펴낸곳 (주)윌북 **출판등록** 제2006-000017호
주소 10881 경기도 파주시 광인사길 217
전화 031-955-3777 **팩스** 031-955-3778
홈페이지 willbookspub.com **블로그** blog.naver.com/willbooks
트위터 @onwillbooks **인스타그램** @willbooks_pub | @willbooks_jr
ISBN 979-11-5581-791-9 74500
    979-11-5581-789-6 74500 (세트)

• 책값은 뒤표지에 있습니다.
• 잘못 만들어진 책은 구입하신 서점에서 바꿔드립니다.
• 이 책의 내용은 저작권자의 허가 없이 AI 트레이닝에 사용할 수 없습니다.

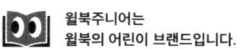
월북주니어는
월북의 어린이 브랜드입니다.